本丛书得到"上海市应用型本科试点专业建设"经费的支持

Electronic
Commerce

U0295967

电子商务应用型专业系列教材

跨平台移动商务网站
技术及其应用

张 萍 编著

上海交通大学出版社
SHANGHAI JIAO TONG UNIVERSITY PRESS

内容提要

本书循序渐进地介绍了开发跨平台移动商务网站的主要知识和技能,同时结合了具体的实践案例引导读者深入学习开发跨平台移动商务网站的方法、技巧与实战技能。全书分为2篇共8章,包括基础篇和实践篇。基础篇介绍了三种不同的移动商务网站解决方案,并详解了 JavaScript 与 jQuery、PHP 与 MySQL、AJAX 与 JSON 等跨平台移动商务网站开发技术;实践篇提供了 Dreamweaver 开发动态网站、信息发布系统、在线购物系统等 Web 网站开发案例以及移动 APP 开发案例。

本书适合高校及培训学校相关专业的师生参考阅读,也适合 Web 网站开发、跨平台移动网站开发及网站前后端开发人员参考阅读。

图书在版编目(C I P)数据

跨平台移动商务网站技术及其应用 / 张萍编著. —上海:
上海交通大学出版社,2017
ISBN 978 - 7 - 313 - 18349 - 1

Ⅰ.①跨… Ⅱ.①张… Ⅲ.①网页制作工具
Ⅳ.①TP393.092.2

中国版本图书馆 CIP 数据核字(2017)第 278224 号

跨平台移动商务网站技术及其应用

编　　著:张　萍
出版发行:上海交通大学出版社　　　　　　地　　址:上海市番禺路 951 号
邮政编码:200030　　　　　　　　　　　　电　　话:021 - 64071208
出版人:谈　毅
印　　刷:常熟文化印刷有限公司　　　　　经　　销:全国新华书店
开　　本:710mm×1000mm　1/16　　　　　印　　张:22
字　　数:398 千字
版　　次:2017 年 12 月第 1 版　　　　　　印　　次:2017 年 12 月第 1 次印刷
书　　号:ISBN 978 - 7 - 313 - 18349 - 1/TP
定　　价:69.00 元

总　序

目前,我国经济社会处于实施创新驱动发展,大力推进产业转型升级,争取全面建成小康社会的关键阶段。加快培养社会紧缺的高层次技术技能应用型人才,是实现"中国制造2025""互联网+""大众创业、万众创新""一带一路"建设等国家重大战略或倡议的重要基础。

2014年,《国务院关于加快发展现代职业教育的决定》提出"采取试点推动、示范引领等方式,引导一批普通本科高等学校向应用技术型高等学校转型"。2015年,教育部、发改委、财政部联合印发《关于引导部分地方普通本科高校向应用型转变的指导意见》,明确了"试点先行、示范引领"的转型思路。2016年,中央政府工作报告再次强调推动高校向应用型转变。

以上政策的陆续出台,标志着我国高等教育"重技重能"的时代即将来临,进一步推动应用型本科高校发展成为当前加快高等教育结构改革的重点任务。

近年来,随着电子商务的迅猛发展,很多高校相继开设了电子商务本科专业。但是电子商务专业毕业生仅凭着在校期间学到的专业知识却无法胜任工作,导致该专业就业率偏低,毕业生改投其他方向。出现这一现象的主要原因是学生缺乏充分的、与社会接轨的应用型技能培训。因此,我们根据学科专业的发展以及社会对于应用型电子商务人才的需要,重新规划电子商务人才培养体系,设计出电子商务应用型专业系列教材。

本系列教材的编著力求凸显以下特点:

第一,根据人才市场的需求,重新梳理了电子商务应用型人才所需要的能力。电子商务应用型人才的核心能力包括电商运营能力、数据分析能力和移动应用设计开发能力。其中,电商运营能力为基础核心能力,所有学生都必须具备。后两种能力则可以根据学生的兴趣爱好有所偏重:有志成为电子商务数字化运营人才的学生应着力培养自己的数据分析能力;想投身于移动商务应用规划开发的学生则应着力培养自己的设计开发能力。

第二,以校企合作的方式进行课程教材的编写。每本教材都至少有一家企业参与编写工作。通过与企业合作,吸收和归纳企业的行业经验和实际案例,一方面,提高了教材内容的实践性;另一方面,也帮助企业把隐性知识固化为显性知识。

第三,创新教材形式。本套教材配套了相应的数字化资源,包括了课程的微课、实验项目、实验计划书、案例库、题库和 PPT 课件。

本套教材由从事多年本学科教学、在本学科领域具有比较丰富教学经验的教师担任各教材的编著者,并由他们组成本套教材的编委会,为读者提供以《网络数据爬取与分析实务》《移动商务实用教程》《跨境电子商务实务》《跨平台移动商务网站技术及其应用》等为主体的系列教材。

编撰一套教材是一项艰巨的工作,由于作者水平有限,对于本套教材存在的疏漏和不足之处,真心希望广大读者批评指正,谢谢!

宋文官

2017.7.12

前　言

随着移动电子商务的快速发展,移动商务网站的开发具有非常广阔的市场。然而,由于移动平台之间互不兼容,针对每一种移动平台的开发工具,API 的调用方式都不同,所以对于同一个网站应用,就迫使程序员不得不为各种版本的操作系统和硬件环境编写同样的应用,既浪费人力,也浪费资源,而跨平台技术的出现解决了这一问题。移动 Web 网站开发与混合 APP 网站开发,都采用了HTML5 跨平台技术,极大地减少了开发和维护成本。HTML5 跨平台技术是未来移动商务网站开发的发展方向,具有广阔的应用前景。引领读者快速学习和掌握跨平台移动商务网站技术是本书的初衷。

本书内容

本书分为 2 篇共 8 章,包括基础篇和实践篇。基础篇介绍了 3 种不同的移动商务网站解决方案,并详解了 JavaScript 与 jQuery、PHP 与 MySQL、AJAX与 JSON 等跨平台移动商务网站开发技术;实践篇提供了 Dreamweaver 开发动态网站、信息发布系统、在线购物系统等 Web 网站开发案例以及移动 APP 开发案例。

本书特色

• 循序渐进

基础篇由浅入深,涵盖了跨平台移动商务网站的关键知识点;实践篇通过实践案例引导读者深入学习开发跨平台移动商务网站的方法、技巧与实战技能。读者通过基础篇的学习和实践篇的演练,可以循序渐进地掌握开发跨平台移动商务网站的方法、技巧与实战技能。

• 易学易用

在介绍案例的过程中,每一个操作都有对应的插图,使读者在学习过程中能够直观、清晰地看到操作的过程以及效果,便于更快地理解和掌握。

• 实战案例

实践篇提供了 Dreamweaver 开发动态网站、信息发布系统、在线购物系统等 Web 网站开发案例以及移动 APP 开发案例,引导读者深入学习开发跨平台移动商务网站的方法、技巧与实战技能。

• 代码支持

本书提供实例和实践案例的源代码,可供读者直接查看和调用,以便快速上手或进行二次开发。本书源代码下载链接:http://pan.baidu.com/s/1nvzaihj,密码:5zpc。如果代码不能下载,请邮件联系我们(zpshh@126.com)。

面向读者

• Web 网站开发人员。

• 跨平台移动网站开发人员。

• 网站前端开发人员和网站后端开发人员。

• 高等院校及培训学校的师生。

由于水平有限、时间仓促,对于书中存在的疏漏之处,欢迎批评指正。如果遇到问题或有好的建议,敬请与我们联系(zpshh@126.com),我们将全力提供帮助。

目　录

上篇　基础篇

第1章

跨平台移动商务网站技术

移动电子商务作为一种新兴的、具有巨大发展潜力和创新潜力的行业,正在发挥越来越重要的作用。伴随着移动电子商务的不断发展与完善,移动商务网站的开发具有非常广阔的市场。然而,移动商务网站的开发却是一件棘手的事情,因为移动终端存在着不同机型和众多版本的操作系统。针对不同的移动终端,往往需要开发不同的程序,跨平台问题已经成为困扰移动商务网站开发的根本性难题。实现跨平台,即"一次编写,多平台运行"是移动商务网站开发的目标,也是大大降低软件开发和维护费用、提高软件生存周期的根本方法。

1.1 移动电子商务

1.1.1 移动电子商务概述

如今,随着互联网技术和移动通信技术突飞猛进的发展,智能手机市场份额逐步提升,手机上网已经成为一种重要的上网方式。人们已经不再满足于传统的商务活动,而是希望随时随地通过手机等移动智能终端设备进行网上支付、网上银行业务、网络购物等商业行为。

移动电子商务是传统电子商务在移动领域的延伸和发展,是通过手机及掌上电脑等移动智能终端进行 B2B、B2C 或 C2C 等电子商务活动的过程和行为。它将互联网、移动通信技术、短距离通信技术及其他信息处理技术完美地结合,使人们可以在任何时间、任何地点进行各种商贸活动,实现随时随地、线上线下的购物、在线电子支付以及各种交易活动、商务活动、金融活动和相关的综合服务活动等。

与传统通过 PC 端开展的电子商务相比,移动电子商务具有以下特点:

第一,移动性。这是移动电子商务最大的特点。它能够保证商业信息流随着移动设备的移动而移动,消除了时间和地域的限制。业务人员可以随时随地获得和传递商业信息,消费者也可在方便的时候使用智能电话或 PDA 选购商品、获取服务和娱乐等。

第二,用户规模大。移动电子商务拥有更为广泛的用户基础,因此,也具有更为广阔的应用前景,特别是在 3G/4G 背景下,移动电子商务正逐渐凭借技术和应用上的优越性,显示出强大的生命力。

第三,服务个性化。移动电子商务能根据消费者的个性化需求和喜好定制产品或服务,用户还可以自己选择设备以及提供服务与信息的方式。

第四,安全性。移动电子商务可以方便地利用移动设备的内置认证特征来确认用户的身份,这是安全认证的重要基础。此外,其安全性还可通过数字签名等方式进一步增强。

1.1.2 移动电子商务的发展历程

随着互联网技术、移动通信技术和计算机应用技术的不断发展,移动电子商务经历了 3 个阶段的发展历程。

1)第一代移动电子商务

第一代移动电子商务是以短消息为基础的访问技术,这种技术存在着许多严重的缺陷,其中最严重的问题是实时性较差,查询请求不会立即得到回答。此外,由于短消息长度的限制,也使得一些查询无法得到一个完整的答案。

2)第二代移动电子商务

第二代移动电子商务采用无线应用协议,手机主要通过浏览器的方式来访问 WAP 网页,以实现信息的查询,部分地解决了第一代移动访问技术存在的问题。第二代移动访问技术的缺陷主要表现在 WAP 网页访问的交互能力极差,因此极大地限制了移动电子商务系统的灵活性和便利性。

3)第三代移动电子商务

第三代移动商务系统同时融合了 3G/4G 移动技术、智能移动终端、VPN、数据库同步、身份认证及 Web Service 等多种移动通信、信息处理和计算机网络的最新前沿技术,以专网和无线通信技术为依托,为电子商务人员提供了一种安全、快速的现代化移动商务办公机制。第三代移动电子商务系统由于采用了新的移动访问和处理技术,使得系统的安全性和交互能力有了极大的提高。

1.1.3 移动电子商务的现状

电子商务的快速发展和其拥有的庞大移动用户基础,是移动电子商务发展的必要条件。全球电子商务保持着强劲的发展势头。根据联合国贸易和发展会议(UNCTAD)发布的统计数据显示,2015 年全球电子商务市场规模达到 25 万亿美元,美国、日本和中国占据领先地位。从网购消费者数量而言,前十大电商市场分别是中国、美国、日本、德国、英国、巴西、俄罗斯、法国、韩国和印度,如

表 1-1 所示。

表 1-1　2015 年全球电商市场规模排名

国家	网购消费者(百万)	年均开支(美元)	B2C(亿美元)	B2B(亿美元)
中国	413	1 058	6 230	20 780
美国	166	3 072	5110	60 720
日本	57	1 994	1 140	23 800
德国	41	1 270	520	9 660
英国	38	4 539	1 740	7 090
巴西	33	376	120	1 120
俄罗斯	30	756	230	7 000
法国	25	2 916	720	6 000
韩国	22	2 120	480	9 690
印度	22	891	200	2 980

资料来源：UNCTAD。

1) 国外移动电商的发展现状

在全球电商市场规模领先的国家里,如美国、德国、英国、印度、韩国等国政府大力支持移动电子商务相关产业的发展,其良好的市场环境、产业链上下游各方的紧密合作,促进了移动电子商务产业的蓬勃发展。其中,发展速度最快的是韩国。在 2014 年世界各国移动商务占国内网上交易额比重的排名中,韩国以37% 的占有额位居榜首。美国的移动电子商务在未来的一段时间里将会持续上涨,成为电子商务的主流发展模式。德国移动智能设备普及程度高,促进了移动电子商务的快速发展。英国、印度的移动电子商务虽然规模较小,但是增长速度快且潜力巨大。

美国移动电子商务蓬勃发展,并且在相当长的一段时间内,移动端的交易额还会逐年持续上涨。根据 eMarketer 在 2015 年底的统计显示,2015 年美国移动端的成交额达 742 亿美元,相比 2014 年的 534.1 亿美元增长了 38.9%。2015年,来自移动端的交易额占电子商务总交易额的比值达到 21%。预计 2016 年的占比将达到 24%,2017 年将提升到 25%,如图 1-1 所示。

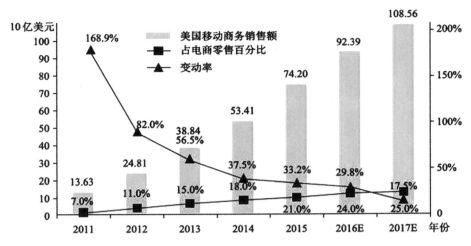

图 1-1   2011 年—2017 年美国移动电商的销售额、变动率以及占电商零售百分比

资料来源:http:∥www.emarketer.com ∕corporate ∕coverage♯ ∕results ∕1282。

德国移动智能设备普及程度高。2015 年,德国有 1.076 亿台移动设备,相当于人口的 133%。2013 年—2016 年,德国智能手机用户数快速增长,短短 4 年时间便由 2 960 万上升至 4 920 万,年均增长率超过 20%。根据 eSales4u 的调查显示,在德国销量排名前 1 000 位的在线商店中,有 63.4% 的网站已针对移动设备进行了调整,40% 的在线卖家拥有针对移动设备进行优化的网站或者专门应用。

英国信息化和电子商务继续保持快速增长,在全球处于领先水平,但是销售额主要来自电子数据交换(EDI)。2015 年,英国从事电子数据交换的企业占比为 51%。近年来,英国非常重视数字产业,研发投入不断增加,相关行业飞速发展,移动设备日益成为人们首选的电子交易媒介。英国电子零售协会(IMRG)将 2013 年定义为“移动设备之年”。通过移动设备(智能手机和平板电脑)产生的销售额增长了 138%。根据英国贸易投资总署的数据,通过移动互联网实现的销售额在英国零售电子商务销售额中的占比已经由 2010 年的 0.4% 上升至 2012 年的 5.3%。

印度电子商务增长速度快且潜力巨大。在过去几年中,印度电子商务市场保持着大约 35% 的年复合增长率(CAGR)。2009 年,印度电子商务市场规模仅为 38 亿美元;2015 年,印度电子商务市场规模已快速发展到约 250 亿美元。印度电子商务更偏向于移动化。2015 年,印度移动终端的渗透率高达 40%,如图 1-2 所示。

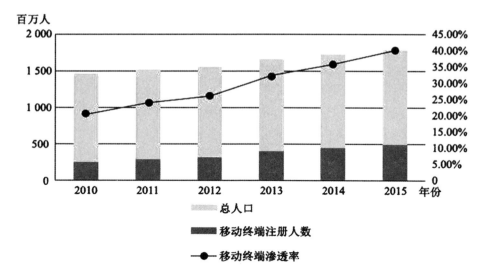

图 1-2 印度移动终端注册人数和移动终端渗透率

资料来源：IMRB I-Cube 2015-October 2015，ALL India Estimates。

全球移动电子商务发展速度最快的是韩国。韩国移动电子商务市场自 2011 年以来，一直以 154.7% 的年复合增长率快速发展，比美国同期的增长率高发 2.5 倍。韩国移动商务交易额占网上零售交易总额的比重不断增加，由 2015 年 3 月的 41.3% 上升到 2016 年 11 月的 56.4%。自 2014 年以来，韩国移动电子商务销售额一直保持增长趋势，部分原因是韩国智能手机普及率非常高。据 eMarketer 预计，2017 年韩国智能手机普及率将达到 72.2%。

2）中国移动电商的发展现状

·手机网民规模的发展

移动电子商务的基础是移动通信网络。中国移动互联网行业一直保持着强劲的发展态势。根据中国互联网信息中心（CNNIC）发布的《互联网络发展状况统计报告》，可以得到 2004 年至 2016 年中国手机网民规模及其占网民比例情况，如图 1-3 所示。

由图 1-3 中可以看到：

（1）2005 年—2009 年，移动互联网普及率快速上升，手机网民规模翻番增长。

（2）2009 年，电信运营商为了抢夺用户，大幅降低无线网络流量资费，刺激手机网民规模爆发性增长，当年手机网民增速高达 98.5%。

（3）2009 年之后，手机网民规模稳定增加。在整体网民增速放缓的背景下，手机上网成为拉动中国网民总体规模攀升的主要动力。

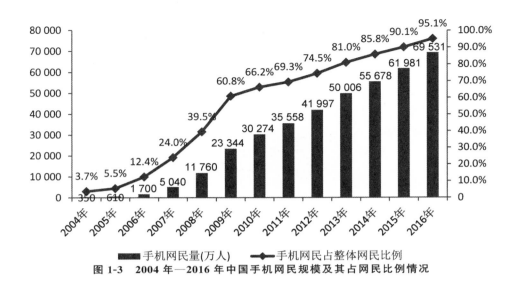

图 1-3　2004 年—2016 年中国手机网民规模及其占网民比例情况

（4）到 2012 年,手机已成为我国网民的第一大上网终端。如图 1-4 所示,2012 年,70.6% 的网民通过台式电脑上网,相比 2011 年下降了近 3 个百分点;同期,通过笔记本电脑上网的网民比例与 2011 年相比略有降低,为 45.9%;而同期手机上网的比例保持较快增速,从 2011 年的 69.3% 上升至 2012 年的 74.5%。2012 年以后,手机成为第一大上网终端的地位更加稳固,但是手机网民规模与整体 PC 网民(包括台式电脑和笔记本电脑)相比还有一定差距。

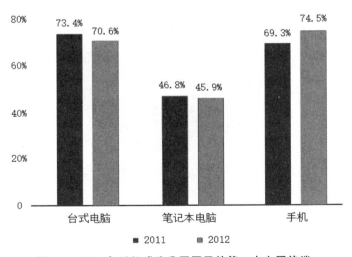

图 1-4　2012 年手机成为我国网民的第一大上网终端

（5）截至 2016 年 12 月,我国手机网民规模达 6.95 亿人次,网民中使用手机上网的人群占比由 2015 年的 90.1% 提升至 2016 年的 95.1%，提升了 5 个百分点。网民手机上网比例在高基数的基础上进一步攀升。

在智能终端快速普及、电信运营商网络资费下调和 Wi-Fi 覆盖逐渐全面的情况下，手机作为网民主要上网终端的趋势进一步明显。

· 移动电子商务快速增长

近年来，我国的电子商务发展迅速，连续多年成为全球规模最大的网络零售市场。同时移动网购市场规模保持高速增长，移动网购正成为网络零售市场的主流。

中国网络零售市场的国际影响力不断增强，2016 年网上零售交易额继续保持快速增长态势。据国家统计局数据显示，2016 年全国网上零售交易额为 5.16 万亿元人民币，同比增长 26.2%。我国的世界第一大网络零售市场地位进一步稳固。2016 年中国 B2C 网络零售平台（包括开放平台式与自营销售式，不含品牌电商）市场份额排名情况如图 1-5 所示。其中，天猫的占比为 57.7%；京东以 25.4% 紧随其后；唯品会的市场份额从 2015 年的 3.2% 上升至 2016 年的 3.7%；排名第 4～10 位的电商分别为：苏宁易购（3.3%）、国美在线（1.8%）、当当（1.4%）、亚马逊中国（1.3%）、1 号店（1.2%）、聚美优品（0.7%）、拼多多（0.2%）。

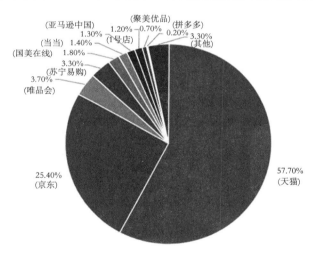

图 1-5　2016 年中国 B2C 网络购物交易市场份额占比

移动电商发展潜力巨大，具有广阔的市场前景，这从 2015 年的"双 11"就可见一斑。截至 2015 年 11 月 11 日 24 时，天猫"双 11"全天交易额突破 912.17 亿元人民币，其中移动端交易占比达 68%。值得注意的是，"双 11"全球狂欢节开场仅用 17 分 58 秒，移动交易额就超过 100 亿元人民币，而且移动交易额占比曾一度超过 90% 的峰值。截至 11 月 11 日 24 时，京东移动端（包括京东 APP、京东微信购物和手机 QQ 购物)下单量增长迅速,当日移动订单占比达 74%。同样,苏宁易购全网销售订单量同比增长 358%,移动端订单量占比达 67%。汽车之家交易总额达到 87.95 亿元人民币,其中移动端交易占比达 42.8%。酒仙网移动销售占比达 45%。

各大电商平台纷纷大力推动移动电商的发展,移动端销售额占比逐年递增。2015 年是移动电商发展的重要里程碑。根据中国电子商务研究中心监测数据(见图 1-6)显示,移动端在零售网络市场交易规模中占比已连续 5 年上升,并在 2015 年达到 52.7%,超过了 PC 端,成为网络零售市场主流。根据艾瑞咨询《2017 年中国移动电商行业研究报告》的数据显示,2016 年移动购物市场交易规模约为 3.3 万亿元人民币,占网络购物总交易规模的 70.2%。继 2015 年超过 PC 端之后,移动端占比继续扩大,已经成为网络购物的主流渠道。

图 1-6　2011 年—2015 年中国网络零售市场交易规模 PC 端与移动端占比

资料来源:中国电子商务研究中心。

移动电商市场规模高速增长,从用户角度来说,用户消费场景、使用习惯的转移及移动端自身具有的特点,使得移动端成为消费者网购的普遍途径。同时,各大电商平台移动端销售额占比逐年递增,商家的主动引导起到了很重要的作用。移动电商中,如天猫、京东、苏宁易购等通过促销优惠、积分奖励等方式不断将用户购买行为向移动端转移,同样的商品在移动端购买比 PC 端价格更加优惠。在价格优势下,用户购物向移动端的转变也就水到渠成。各大电商平台纷纷大力推动发展移动端主要基于两个方面的原因:一方面,许多电商企业以新用户获取和品类扩张为战略重点,推出针对移动端的定制电商产品;另一方面,大量新兴电商仅推出移动端业务,移动端成为新增网购用户的主要来源。

1.1.4　中国移动电子商务发展的问题与挑战

中国的移动客户群庞大,移动电子商务发展迅猛且潜力巨大,但同时也面临着一些新的变化与挑战,中国移动电子商务正处于新一轮创新发展的关键过渡阶段。

1）手机网民规模增速放缓

移动电子商务需要突破现有的手机网民浏览量瓶颈,通过与社交网络和居民社区的深度融合,形成新的消费动力;移动网购商品品质和移动购物体验需要摆脱当前竞争和技术的局限,通过"互联网＋"和科技创新,迎接消费升级带来的市场机遇。

2）线上线下充分融合发展的局面尚未形成

在"互联网＋"和供给侧结构性改革的驱动下,移动电子商务平台需要与线下经济和社会资源深度融合,为用户提供更加全面和贴心的电子商务服务。

3）跨境和农村移动电商市场潜力尚未充分挖掘

在国内手机网民数量增速放缓、市场竞争日趋激烈的环境下,大力发展跨境移动电商和农村移动电商已成为国内移动电商企业的重要选择。由于移动电子商务具有随时随地的信息沟通和商业交易等特性,使跨境移动电商具有广阔的市场前景。相比 PC 端,移动端依靠更便宜的设备和更便捷的操作特征,且随着农村电商的火热,农村移动电商将占有越来越重要的地位。

4）部分新模式、新业态对市场秩序和社会安全治理带来了挑战

要进一步加大制度创新力度,积极营造宽松的移动电子商务创业环境,建立开放、公平、诚信的移动电子商务市场秩序。坚持安全发展,建立健全移动电子商务交易保障机制,落实安全审查、风险评估等安全制度,妥善处理数据开放和信息共享风险,维护国家经济安全、社会安全和网络空间安全。

1.1.5　中国移动电子商务发展展望

随着"互联网＋"和数字经济的深入推进,我国移动电子商务的发展迎来新机遇。新一轮科技革命为移动电子商务创造新场景,新一轮全球化浪潮为移动电子商务发展创造新需求,经济与社会结构变革为移动电子商务拓展新空间,我国移动电子商务将步入规模持续增长、结构不断优化、活力持续增强的新发展阶段。

1）网络零售提质升级,移动电子商务多元化发展趋势明显

2016 年,中国人均 GDP 已经超过 8 800 美元。随着人民生活水平的不断提升及新生代消费群体逐步成为社会的主要消费人群,个性化、多样化消费渐成主流。消费者更加注重产品的安全、品质、个性及购物所带来的体验感。消费需求的变化直接带动了移动电子商务市场结构的转变。2016 年,交易更加规范、体验更好的 B2C 市场的交易额已经占网上总零售额的 54.7％,增速也大大超过了C2C 交易;各家移动电商企业除了不断扩充品类、优化物流及售后服务外,也在积极发展跨境移动电商,并下沉渠道发展农村移动电商;在综合电商格局已定的情况下,一些企业瞄准母婴、医疗、家装等垂直移动电商领域深耕;为满足年轻消

费者求新求变的网络消费体验,在传统流量成本不断攀升的情况下,微商、网红电商、直播电商、内容电商迅速成为新的市场热点。电商模式与渠道的多元化趋势进一步加强。中国电子商务研究中心发布的 2016 年中国移动电商产业链图谱,如图 1-7 所示。

图 1-7　2016 中国移动电商产业链图谱

资料来源:中国电子商务研究中心。

2）全渠道、线上线下深度融合发展

移动电商时代,一方面,消费者的需求和网购发展环境均有较大改变,用户希望在任何时间、任何场景下,通过任何方式都可以随时随地精准地买到所需的商品和服务,而且是一致性的服务;另一方面,由于商品供大于求,单一渠道发展的增量空间有限,线上线下相融合的全渠道购物成为主流消费方式。全渠道简单来说就是将线上线下的库存、销售、物流和支付打通,PC 网店、移动 APP、微信商城、各类实体门店等所有渠道将统一价格,实时更新库存。线下实体开发线上产品,电商开设线下实体店,为消费者提供全渠道的购物体验,如图 1-8 所示。

图 1-8　线下体验和线上购物的双向需求

3）大数据等新一代信息技术将成为移动电商的核心驱动引擎

移动电商流量红利渐失，大数据等新一代信息技术将成为新的利益驱动点。未来伴随着以大数据、云计算、虚拟现实、人工智能等为代表的新一代信息技术在全球范围内快速发展，创造精准匹配、实时交互等用户新体验，将持续为移动电子商务模式与应用创新提供支撑。大数据应用创新，不仅精准匹配供求信息、个性化推荐、用户偏好预测、优化页面、提升运营效率，还将为需求营销、制造业个性化定制、网络众创空间、网络协同制造、3D 打印、智能物流、O2O 移动服务等新模式的出现创造新场景。大数据应用促进数据在整个产业链上下游的自由充分流动，信息资源成为驱动整个生产、经营、销售和消费最为核心的要素，促进产业链的优化与整合，从而带动消费需求再次升级换代，如图 1-9 所示。

个性化营销	预测的科学性	网站优化
掌握用户消费全过程，可以对用户进行精准画像，并根据画像提供个性化推荐	提供及时、动态的行业上下游数据及其他相关数据，企业可以据此调整供应链和营销策略，提高决策的科学性和准确性	根据竞争对手及消费者偏好数据，进行网站优化：①优化商品布局；②优化页面布局；③优化价格安排
提升营销效率	核心：①要有充足的数据量；②不同领域数据打通	提升运营效率和用户体验

图 1-9　大数据在移动电商领域的应用

4）治理环境不断优化，移动电子商务规范化发展成为新主题

《电子商务"十三五"发展规划》提出，加快制定和完善移动电子商务相关技术标准和业务规范，面向不同的行业应用，协调制定行业技术标准和业务规范，推动移动支付国家标准的制定和普及，持续推进移动电子商务发展。伴随着相关工作的逐步落实，我国移动电子商务治理体系将更加完善。在企业层面，阿里、京东等大型电商平台企业纷纷加大对假冒商品、虚假评论等行为的打击力度；在流量导入和进入门槛等方面，着力扶优扶强，清退违规商家。规范化服务将成为移动电商企业新的竞争力来源。

1.2　移动商务网站开发

移动电子商务所蕴含的巨大经济效益以及广阔的市场前景，促使越来越多的公司和开发团队投入大量的人力、物力、技术、服务等资源去进行移动商务网站的开发。然而，由于移动平台之间互不兼容，各个平台开发工具、API 调用方式都不同，使得移动商务网站的开发变成一件非常棘手的事情。相对于 PC，手机等移动智能终端的操作系统更具有多样性。目前具有代表性、占有绝对市场

份额的移动智能终端的操作系统包括苹果的 iOS、谷歌的 Android、微软的 Windows Phone 以及黑莓的 Blackberry OS、firefox OS 和 Ubuntu OS 等系统。在不同的操作系统平台开发出的移动应用,只能在自己的平台上运行,即移动平台之间的不兼容成为开发移动商务网站的一道不可逾越的屏障。

为了解决移动平台的不兼容问题,产生了原生 APP 网站、移动 Web 网站、混合 APP 网站 3 种不同的解决方案。

1)原生 APP 网站开发

移动平台互不兼容,每一种移动平台都使用不同的编程工具与开发方法。常用的移动终端操作系统及其对应的编程语言如表 1-2 所示。开发原生 APP 商务网站,需要针对不同的平台,使用不同的编程语言、开发环境、工具、SDK、API 等开发不同的程序。因此,要开发一个移动应用网站,就需要花费大量的时间和精力同时针对多个平台进行开发。

表 1-2　移动系统对应的编程语言

操作系统	Symbian	BlackBerry	IOS	WP	Android
编程语言	C++	Java	Objective-C	C#	Java

2)移动 Web 网站开发

使用 HTML5 跨平台技术进行移动 Web 网站开发。由于移动终端设备生产商都已经在各自的设备中自带了基于 Webkit 内核的浏览器,该浏览器对 HTML5、CSS3、JavaScript 的解析都是基于标准的,不存在跨平台问题,所以移动 Web 网站通过不同移动平台的浏览器访问实现了跨平台。

3)混合 APP 网站开发

混合 APP 网站开发结合了原生 APP 网站、移动 Web 网站两者的优势,利用 HTML5、CSS3、JavaScript 等跨平台技术编写移动商务网站,再采用 AppCan、PhoneGap 等跨平台移动开发框架,把基于 HTML5 的移动应用打包成为 Android、iOS 等多个平台的移动商务网站应用,"一次开发,多次打包",极大地降低了开发成本,提高了开发效率。

移动 Web 网站开发和混合 APP 网站开发均属于跨平台开发范畴。跨平台开发代表一种开发模式,目标是开发出来的应用可以在不同的操作系统和硬件环境下运行,而应用程序代码不需要修改或者小部分修改即可。

1.2.1　原生 APP 网站开发

APP 是 application 的缩写,通常专指需要下载安装包并安装到移动终端设备上的应用。原生 APP(Native Application)网站开发,是指针对 iOS、Android

等不同的移动系统平台采用不同的语言进行开发,比如利用谷歌提供的基于 Java 语言的 SDK 可以开发出 Android 系统上的移动应用;利用苹果提供的基于 Objective-C 语言的 SDK 可以开发出 iOS 系统上的移动应用;而如果想在 Android 平台和 iOS 平台上运行同一移动应用,只能用 Java 语言、Objective-C 分别开发同样的功能,开发成本和难度较大。由于原生 APP 网站开发是专门针对某一类移动平台进行开发,可以完美地调用设备接口 API 和利用平台特性,开发的程序运行速度快,在效率和性能上也是最优的,但是只能在指定的平台上运行。用户要获取或更新原生 APP 应用,需要下载软件并安装到移动终端设备。

原生 APP 网站是特别为某种操作系统开发的,在移动设备上运行,有以下几点优势:

(1)可以充分发挥设备硬件和操作系统的特性,方便调用 GPS、摄像头、蓝牙、重力感应等硬件设备。

(2)应用速度快、性能强,具有较好的用户体验和交互操作性能。

(3)支持大量图形和动画。

(4)在 App Store 里容易发现。

(5)应用下载能创造盈利,当然 App Store 要抽取 20%～30% 的营收。

原生 APP 网站的优势非常明显,但也存在不足之处,例如:

(1)开发周期长,维护成本高,调试困难。

(2)针对特定移动平台开发,平台之间移植困难。

(3)需要依赖 App Store 的审核,上线时间不确定。

(4)获取 APP 应用,需要用户下载软件,并安装到移动设备上;获得新版本时,需重新下载应用更新。

1.2.2 移动 Web 网站开发

虽然移动智能终端具有多种操作系统、版本和机型,但是都内置了基于 Webkit 的浏览器,开发移动 Web 网站,通过浏览器访问便可以轻松实现跨平台。Webkit 实际上是一种浏览器引擎,同时也是一个开源项目,其起源可以追溯到 Kool Desktop Environment(KDE)。基于 Webkit 内核的浏览器,其最大特点就是支持 HTML5。我们平常所说的 HTML5 指的是广义上的 HTML5,包括 HTML5、CSS3 和 JavaScript 等一套技术组合。有了这些配套技术,就可以较容易地开发出基于 HTML5 的跨平台移动 Web 网站应用,也可以方便地把传统的 PC 程序或网站移植到移动终端上来。移动 Web 网站开发可以很好地使用 HTML5 的技术优势,但是这些基于 Webkit 浏览器的移动 Web 网站应用无法调用手机系统的 API 来实现拍照等高级功能,也不适用于高效率、高性能的场合。

移动 Web 网站本质上是为移动浏览器设计的基于 Web 的应用,可以在各种移动终端的浏览器上运行,具有以下优势:

(1) 跨平台,界面风格统一。

(2) 开发效率高、成本低。使用 HTML5 跨平台开发技术就可以轻松地完成移动 Web 网站的开发。

(3) 浏览器是移动 Web 网站的入口,不需要安装额外的软件就能够获取网站应用。

(4) 发布和更新方便,只需更新云端服务器即可。

(5) 通过浏览器,总是能够快速享受最新的网站应用。

移动 Web 网站虽然在跨平台方面有优势,但不是所有原生 APP 网站都适合通过 Web 方式实现,还存在以下问题,例如:

(1) 只能使用有限的设备硬件,不能充分发挥本地硬件和操作系统的优势。

(2) 用户体验差,难以实现复杂的用户界面效果。

跨平台移动 Web 网站,与传统的 PC 端 Web 网站,都是基于 HTML5 技术开发的,但是设计移动 Web 网站时,应该考虑移动设备的固有特性。首先,相对于 PC 屏幕来说,移动设备屏幕小。传统的 PC 端 Web 网站在移动 Web 浏览器中会被完全缩放到移动设备的屏幕大小,原有的页面文字大小和图片就会自动缩放以适应移动设备的屏幕大小,造成用户很难或者根本无法正常浏览,用户体验差。这就要求在设计移动 Web 网站的时候选择适当的字号,还要考虑文档内容的优先次序,把重要内容靠前显示。其次,移动设备的交互方式需要重新考虑页面元素。桌面 Web 以鼠标操作为主,这样可操作的范围很精确;移动 Web 以触控操作为主,手指的操作范围比较宽泛。最后,移动设备屏幕比较小,要尽可能地考虑在有限的显示区域中显示主要内容,所以移动 Web 网站开发应尽量避免图片的使用。

移动 Web 网站就是一个针对移动终端的 Web 站点,使用的依然是 Web 网站开发技术,即 HTML5、CSS3、JavaScript 以及 PHP、ASP 等服务端技术。

1.2.3　混合 APP 网站开发

混合 APP(Hybrid APP)网站开发介于移动 Web 网站开发、原生 APP 网站开发之间,采用跨平台移动开发框架把基于 HTML5 的移动应用打包成为各个平台的安装包,实现了"一次开发,多次打包",兼具"移动 Web 网站跨平台开发和低成本的优势"和"原生 APP 网站良好用户交互体验的优势"。这种"Native 搭台,HTML5 唱戏"的混合 APP 开发模式非常适合跨平台的开发。PhoneGap 是国外 Nitobi 公司推出的一套跨平台移动开发框架,其构建混合 APP 的过程如图 1-10 所示。

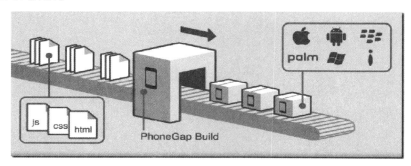

图 1-10　PhoneGap 打包生成不同平台应用

　　PhoneGap 提供了丰富的接口用于访问移动设备本地 API，能够使用户用
JavaScript 轻松调用 iPhone、Android、Palm、Symbian、Windows Phone、
Blackberry 等智能终端的核心功能——包括地理定位、加速器、联系人、声音和
振动等。此外，PhoneGap 拥有丰富的插件，可以以此扩展无限的功能。
PhoneGap 在解决各个不同系统平台 SDK、API 没有区别的交互上，是通过脚本
语言 JavaScript 调用 API 库实现的，通过 fildder 抓包工具监听 PhoneGap 调用
API 的过程，发现每次 API 的调用都是一次 AJAX 请求，也就是通过浏览器运
行的脚本向设备系统发送消息，当设备接到浏览器发送的请求消息后，通过调用浏
览器的 load 方法运行脚本来实现回调，这就是 PhoneGap 通过脚本语言 JavaScript
调用手机、平板电脑等不同移动设备的系统 API 的原理，如图 1-11 所示。

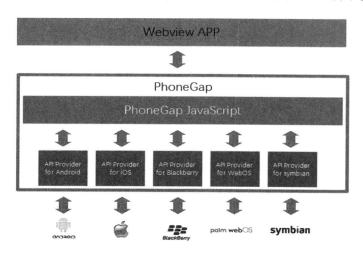

图 1-11　PhoneGap 与设备本地 API 通信

混合 APP 网站开发是基于 HTML5 的 Web 网站开发技术，其开发成本和难度比原生 APP 网站要小很多。Web 开发人员可以很好地转型为移动开发人员，开发的代码只需借助 PhoneGap、AppCan 等跨平台移动开发框架，针对不同系统平台进行不同的编译就可以实现多平台的发布，极大地降低了开发成本，提高了开发效率。目前已经有众多混合 APP 网站开发成功的应用，比如百度、网易、街旁等知名移动应用，都是采用混合 APP 开发模式。

混合 APP 网站兼具了原生 APP 网站和移动 Web 网站的优势，具体来说有以下几点：

（1）使用 HTML5 跨平台技术，开发成本低。

（2）跨平台，只需编写一次核心代码就可部署到多个平台。

（3）通过接口访问地理定位、加速器、联系人、声音和振动等设备硬件。

（4）Web 应用套用原生应用的外壳，可在 App Store 中下载。

混合 APP 网站的不足之处体现在以下方面：

（1）其性能、用户交互体验比移动 Web 网站好，但是不如原生 APP 网站。

（2）依赖第三方应用商店审核，不确定上线时间。

（3）获取或升级 APP 网站应用，需要用户下载并安装到移动设备上。

以上 3 种移动商务网站开发模式各有特色。原生 APP 网站可以充分发挥移动设备的最大效能；移动 Web 网站具有跨平台开发和低成本的优势，适合为传统的 Web 商务网站建立移动 Web 版本；而混合 APP 网站兼具了移动 Web 网站和原生 APP 网站的优势。在开发具体的移动商务网站时，要综合考虑商务网站的商业目标、目标用户以及预算、技术、资源限制，从而选择合理的开发模式。

1.3　跨平台移动商务网站技术

跨平台问题已经成为困扰移动商务网站开发的根本性难题。跨平台，既不依赖操作系统，也不依赖硬件环境，是软件开发范畴的一个非常重要的概念。如果一个操作系统下开发的应用程序，通过极少的修改甚至不用修改就可以在另一个操作系统下顺利运行，我们就称这个应用程序具有良好的跨平台特性。实现跨平台，即"一次编写，多平台运行"是移动开发的目标，也是大大减少软件开发和维护费用、提高软件生存周期的根本方法。

HTML5 技术的多种新特性和跨平台特点正迎合了移动平台多样性的需求，使用 HTML5 技术将使快速开发移动商务网站成为可能。

1.3.1　HTML5

万维网联盟（World Wide Web Consortium，W3C）于 2007 年立项 HTML5，直到 2014 年 10 月，HTML5 标准正式定稿。HTML5 的出现，对于商务网站等 Web 应用来说意义非常重大。在 HTML5 出现之前的情况是，由于各浏览器规范不统一，Web 浏览器之间的兼容性很低，在某个 Web 浏览器上可以正常运行的 HTML/CSS/JavaScript 等 Web 应用，在另一个 Web 浏览器上就不正常了。这样的情况频繁发生，需要花费大量的时间与精力修复漏洞，以处理各 Web 浏览器之间的兼容性。在 HTML5 中，这个问题得到了解决，HTML5 分析了各 Web 浏览器所具有的功能，然后以此为基础，制定了通用标准规范。

HTML5 正式推出以来，立刻受到了世界上各大浏览器开发公司的热烈欢迎与支持，图 1-12 是 HTML5 标志。通过调查 Internet Explore、Google、Firefox、Safari、Opera 等主要的桌面浏览器、移动浏览器的发展策略，发现它们都无一例外地积极支持 HTML5 新技术，研发 HTML5 相关产品，积极发展 HTML5 项目。

图 1-12　HTML5 标识

HTML5 是对过去 HTML（Hyper Text Markup Language，超文本标记语言）标准的补充和增强，不是革命性的，只是发展性的。HTML5 不但在老版本的浏览器上可以正常运行，而且只要求各 Web 浏览器今后能正常运行用 HTML5 开发出来的功能，而对于早期用 HTML4 创建的网站无须重建仍可以继续使用，所以说 HTML5 是非革命性的。

经过多年的发展，HTML 从 1.0 到 5.0 经历了巨大的变化，从单一的文本显示功能到图文并茂的多媒体显示功能，功能日臻完善，尤其在新的 HTML5 标准中，新增了语义化标签；强化了页面的表现性，如对圆角、透明以及阴影的支持；提供了本地存储的离线存储功能；可以通过访问设备获取用户地理位置；通过

Canvas 和 SVG 支持动画以及绘图等功能,如图 1-13 所示。

图 1-13　HTML5 新特性

以 HTML5 为标准开发的商务网站,在各浏览器上都能正常运行,为跨平台应用奠定了基础。目前无论是桌面端商务网站,还是移动端商务网站,都广泛使用 HTML5 技术。在提及 HTML5 时,通常泛指 HTML5 标准以及 CSS3、JavaScript、PHP、AJAX、JSON 等技术交叉而成的新技术。

1.3.2　CSS3

制作网页时最让人困扰的莫过于烦琐的样式设置,不管是文字样式、行距、段落间距或表格样式等都必须逐一设置,一个商务网站的网页通常不少于 5 页,大型商务网站可能达数十页,甚至更多。要让每个网页的格式统一,仅仅通过 HTML5 实现是一项艰巨的工程。鉴于此,万维网联盟拟定了一套标准格式,也就是"CSS(Cascading Style Sheets)样式表",让我们只要在已有的 HTML 语法中加上一些简单的语法,就能够轻松控制网页外观,创建统一风格的网站。

CSS 称为层叠样式表,也可以称为 CSS 样式表或样式表。万维网联盟(W3C)制定 CSS 标准经历了 3 个不同层次,分别是 CSS1、CSS2、CSS3。CSS1 可以自由设定字体的大小、字形、颜色、行距、组件排列等样式;CSS2 在此基础上添加了浮动和定位等高级功能,让网页元素不必固定在同一个地方,而是可以由程序来控制网页元素的位置,例如我们经常在网页上看到的随着鼠标光标移动的图片、变大变小的文字等都可以借助 CSS 搭配 JavaScript 来完成;CSS3 是目前 CSS 的最新版本,新增了圆角功能、文字阴影及动画效果等。

HTML 语言仅仅定义了网页内容,对于网页的样式没有过多涉及,而 CSS 技术对于页面的布局、字体、颜色、背景和其他图文效果的实现,提供了更加精确的控制。使用 CSS 将"网页结构代码"和"网页样式风格代码"分离,从而可以使网页设计者对网页布局与样式进行更多的控制。使用 CSS,可以将整个网站的网页样式风格定义为一个 CSS 文件,而网站上的所有网页都指向该 CSS 文件。在后期维护中,如果商务网站的一些外观样式需要修改,只需要修改 CSS 文件中相应某一行或某几行代码,整个网站的样式都会随之改变。

随着 HTML5 的兴起,CSS3 也开始慢慢地普及起来。目前很多浏览器都开始支持 CSS3 特性。

1.3.3　JavaScript 与 jQuery

JavaScript 语言作为目前流行的脚本语言,与 HTML5 密不可分。HTML5 中的核心功能基本都需要 JavaScript 语言的支持。

1) JavaScript 简介

JavaScript 语言是一种弱类型、基于对象和事件驱动的面向对象的脚本语言。广泛用于 Web 客户端的开发,常用来给 HTML 网页添加动态功能,响应用户的各种操作,设计多种网页动态特效等。例如,隐藏网页上的某个按钮或者让网页图片动态变换。作为流行的脚本语言,JavaScript 具有以下特点:

(1) 语法简单,易学易用。JavaScript 语法简单,结构松散。可以使用任何一种文本编辑器来进行编写。JavaScript 程序运行时不需要编译成二进制代码,只需要支持 JavaScript 的浏览器进行解释。

(2) 解释性语言。非脚本语言编写的程序通常需要经过"编写→编译→链接→运行"4 个步骤,而脚本语言 JavaScript 只需要经过"编写→运行"2 个步骤。

(3) 跨平台。由于 JavaScript 程序的运行依赖于浏览器,只要操作系统中安装支持 JavaScript 的浏览器即可,因此 JavaScript 与平台无关。

(4) 基于对象和事件驱动。JavaScript 基于对象和事件驱动,通过文档对象模型(DOM)获取 HTML 页面中的元素,通过事件驱动机制将静态的 HTML 页面变成可以和用户交互的动态页面。

2) JavaScript 和 Java 的关系

初次接触 JavaScript 的读者,很容易混淆 Java 和 JavaScript,分辨不清它们之间的关系。JavaScript 是由 Netscape 公司开发的,最初它的名字为 LiveScript,Netscape 在与 Sun 公司合作之后才将其改名为 JavaScript,并且成为 Sun 公司的注册商标。JavaScript 与 Java 名称上的近似，是当时 Netscape 公司出于营销考虑，与 Sun 公司达成协议的结果。JavaScript 和 Java 除了在语法方面有点类似之外，几乎没有相同之处，并且由不同的公司开发研制。JavaScript 和 Java 之间主要存在以下几个区别：

（1）Java 是传统的编程语言，JavaScript 是脚本语言。

（2）Java 语言多用于服务器端，JavaScript 主要用于客户端。

（3）Java 不能直接嵌入网页中运行，JavaScript 程序可以直接嵌入网页中运行。

（4）Java 和 JavaScript 语法结构有差异。

3）jQuery 简介

jQuery 是一套开放原始代码的 JavaScript 函数库（Library），可以用简单的代码轻松地实现各种功能。最让人津津乐道的就是 jQuery 简化了 DOM 的操作，可以轻松选择对象，并以简洁的程序完成想做的事情。除此之外，还可以通过 jQuery 指定 CSS 属性值，达到想要的特效与动画效果。另外，jQuery 还强化异步传输（AJAX）以及事件（Event）功能，能轻松访问远程数据。

1.3.4　PHP 与 MySQL

构建跨平台移动商务网站，服务器端技术通常采用跨平台的开源脚本语言 PHP，而后台数据库采用跨平台的开源数据库 MySQL。

1）PHP 简介

PHP 官方站点（http://www.php.net）中提到"PHP 是一种可以被嵌入 HTML 中适合于 Web 开发的脚本语言"。从这句话中可以知道，PHP 的表示方法是嵌入 HTML 中，其性质是一种服务器端的脚本语言，其作用是用于动态 Web 页面的开发，如同 ASP 用户可以混合使用 ASP 和 HTML 编写 Web 页面一样。PHP 被广泛运用于动态网站的制作中，其工作原理如图 1-14 所示。

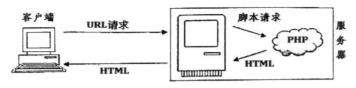

图 1-14　PHP 的工作原理

当访问者浏览该页面时，客户端首先向服务器发送 URL 请求，服务器端接受请求后对页面中的 PHP 命令进行处理，然后把处理后的结果以 HTML 的形式放入返回的 HTML 页面中，最后将生成的 HTML 页面传送到客户端的浏览器。

而在静态 HTML 站点中,发送请求时的工作原理如图 1-15 所示。

图 1-15　静态 HTML 发送请求的工作原理

在静态 HTML 站点中,当服务器接收到请求时,便直接把 HTML 数据发送到客户端的 Web 浏览器中,服务器端不做任何解释工作。

PHP 作为开源免费技术,应用非常广泛,兼容 Apache、IIS 等服务器,可以在 Windows、Linux、Unix 等多种平台运行。选择 PHP 开发跨平台移动商务网站的原因如下:

(1)跨平台性和可移植性。PHP 可以跨平台运行,即在大多数 Unix 平台、GUN/Linux 和微软 Windows 平台上均可以运行。更重要的是,对于一台服务器上编写的 PHP 脚本,通常不用修改或者只做很少的修改即可在另一台服务器上运行。

(2)强大的数据库支持。PHP 支持目前所有的主流和非主流数据库,如 Adabas D、DBA、dBase、dbm、filePro、Informix、InterBase、mSQL、MySQL、Microsoft SQL Server、Solid、Sybase、ODBC、Oracle、PostgreSQL 等。其中 PHP 和 MySQL 的组合则是黄金搭档。

(3)开源免费。所有 PHP 源代码完全公开,通过 PHP 官方站点可以获取源代码;和其他技术相比,PHP 本身是免费的,使用 PHP 进行 Web 开发无须支付任何费用。

(4)功能强大、效率高。PHP 具有非常强大的功能,能够实现所有的 CGI 的功能;PHP 运行时,消耗的系统资源少,运行快,并且自从 PHP4 开发了被称作 Zend 的新引擎,使其执行网页比 CGI、Perl 和 ASP 更快。

2)MySQL 简介

MySQL 是一个小型关系型数据库管理系统,由瑞典 MySQL AB 公司开发,目前属于 Oracle 旗下产品。MySQL 可以运行在 Sun Solaris、RedHat、Linux、OS/2、Windows 等多个平台上,可以很容易地被 JAVA、C、C++、PHP 等开发语言所使用。MySQL 是一个自由软件,对于个人和非营利使用是免费的,同时它还开放源代码,用户可以对它进行修改和个性化开发。由于它的跨平台性、易用性和自由性,使得它在研究、教育和小型商业领域都得到了广泛的应用,而它本身也得到了快速的发展。

MySQL 自身不支持 Windows 的图形界面,因此,所有的数据库操作及管理功能都只能在 MS-DOS 方式下完成。伴随着越来越多的人开始使用 MySQL,许多第三方软件公司推出了 MySQL 在 Windows 环境下具有图形界面的管理软件。本书中使用的 phpMyAdmin 就是使用 PHP 语言开发的 MySQL 在线管理与维护工具。

PHP 和 MySQL 的结合是目前 Web 开发中的黄金组合。使用 MySQL 数据库管理系统、PHP 脚本语言相结合的数据库解决方案,正被越来越多的网站所采用,其中又以 LAMP/LNMP 模式最为流行。

1.3.5　AJAX 与 JSON

在早期的购物网站,每一次请求都需要刷新整个页面,不仅增加了等待时间,还增加了服务器端的压力,这会严重影响用户体验。为了提供更好的购物体验,同时也提高网站的运行效率,越来越多的电商采用了 AJAX 技术。

在 AJAX 刚出现的时候,绝大多数数据都是采用 XML 格式传输。但是 XML 格式有一个缺点,就是文档构造复杂,需要传输比较多的字节。在这种情况下,JSON 的轻便性得到重视,逐渐替代 XML 成为 AJAX 最主要的数据传输格式。

1) AJAX 简介

为了提供更好的用户体验,解决页面部分刷新的需求,AJAX 技术应运而生。AJAX 是一种异步请求技术,即在不刷新整个网页的情况下,实现浏览器与服务器的交互。

AJAX 是一项很有生命力的技术,它的出现引发了 Web 应用的新革命。早期 Web 应用程序只是简单地用来发布新闻的网站,客户端通过发送 HTTP 请求,从服务器端获取 HTML/XHTML 文档,然后在客户端的浏览器中显示页面。但是随着 Internet 的发展,用户对网络的依赖性越来越强,对数据和功能的需求也越来越大。单纯地发布新闻的网站已经无法满足需求,用户需要融合核心业务逻辑的业务处理平台,这样必然会带来网络传输的数据量加大的结果,但目前的网络通信状况还无法满足远程访问与本地访问之间的时间一致性,也就是说,时间上的延迟让用户打开页面时陷入难以忍受的等待状态。为了减少用户等待时间且提供越来越复杂的功能,构建功能完善而又易于被浏览器所解析的胖客户端就显得尤为重要。那么何谓胖客户端呢?胖客户端就是指客户端具有多样化的输入方式和及时反馈手段,访问浏览器就像使用 C/S 模式的桌面应用一样方便快捷,这样才能满足当前 Web 应用中用户的需求。

AJAX 就是这样一项新的 Web 应用程序客户端技术,是一种与服务器交换数据无须刷新网页的技术。它的全称为 Asynchronous JavaScript and XML,它结合了 JavaScript、层叠样式表 CSS、HTML、JSON 、XMLHttpRequest 对象和文档对象模型 DOM 等多种技术。运行在浏览器上的 AJAX 网页应用程序以一种异步的方式与 Web 服务器通信,并且只更新页面的一部分。通过利用 AJAX 技术,可以提供更好的用户体验。

2) JSON 简介

JSON 的全称是 JavaScript Object Notation(JavaScript 对象标记法),由 Douglas Crockford 在 2002 年发现并制定了标准。从名称上就可以看出来,JSON 基于 JavaScript,是 JavaScript 的一个子集。JSON 是用 JavaScript 语法来表示数据的一种轻量级数据交换格式,采用完全独立于编程语言的格式来存储和表示数据。

简洁和清晰的层次结构使得 JSON 成为理想的数据交换语言,不仅易于阅读和编写,同时也易于机器解析和生成,并能够有效地提升网络传输效率。JSON 已经被广泛地应用于基于 AJAX 的 Web 应用程序,为 AJAX 提供高效的数据交互。

习题

一、选择题

1. _____ 是移动商务的撒手锏应用。
   - A. 基于位置的服务
   - B. 随时随地的访问
   - C. 紧急访问
   - D. 手机游戏

2. 相对于笔记本而言,智能手机的优势是 _____。
   - A. 携带方便,接入灵活
   - B. 界面友好,易操作
   - C. 计算速度快
   - D. 外设接口种类多

3. 移动商务从本质上归属于 _____ 的类别。
   - A. 电子商务
   - B. 通信技术
   - C. 无线通信
   - D. 网络技术

4. 与基于有线网络的电子商务相比,属于移动商务的特点的是 _____。
   - A. 用户数众多,占绝对优势
   - B. 更加个性化的服务
   - C. 更好的定位服务
   - D. 更严密的安全性

5. 目前对移动商务交易主体的管理有 _____ 等不足。
   - A. 缺少必要的审查和管理
   - B. 缺少网络化的交易管理
   - C. 缺少对风险的提示和告诫
   - D. 缺少对交易风险的必要保障

6. 一般的移动支付系统中最复杂的部分是＿＿＿＿＿＿,它为利润分成的最终实现提供了技术保证。

    A. 终端用户消费系统　　　　　　　B. 商家管理系统

    C. 运营商综合管理系统　　　　　　D. 移动支付系统

7. 基于无线网络的移动商务与基于有线网络的商务相比,下列＿＿＿＿＿＿不属于移动商务所独有的。

    A. 移动性　　　　　　　　　　　　B. 接入的稳定性

    C. 定位性　　　　　　　　　　　　D. 互动性

8. ＿＿＿＿＿＿是实现支付产业链各方合作共赢的关键。

    A. 建立公平的利益分配机制　　　　B. 实现优势互补

    C. 实现增值服务　　　　　　　　　D. 资源整合

9. 跨平台软件可使用户＿＿＿＿＿＿。

    A. 在不同平台上使用同一软件功能

    B. 可跨平台共享数据

    C. 免费使用

    D. 一般具有云存储功能

10. 以下说法中不正确的是＿＿＿＿＿＿。

    A. HTML5 标准还在制定中

    B. HTML5 兼容以前 HTML4 下的浏览器

    C. ＜canvas＞标签替代 Flash

    D. 简化的语法

11. 以下关于 HTML 的描述正确的是＿＿＿＿＿＿。

    A. HTML 是一门动态网站语言

    B. HTML 即 Hyper Text Markup Language 超文本标记语言,是构成网页最基本的元素

    C. ＜html＞标记构成了 HTML 的主体部分

    D. 文字、图形、链接以及其他页面元素都包含在＜body＞标记符内

12. CSS 样式表不可能实现的功能是＿＿＿＿＿＿。

    A. 将格式和结构分离　　　　　　　B. 一个 CSS 文件控制多个网页

    C. 兼容所有的浏览器　　　　　　　D. 控制图片的精确位置

13. 建设一个移动商务网站需要考虑多方面的因素,以下不需要考虑的是＿＿＿＿＿＿。

    A. 主流的浏览器　　　　　　　　　B. 网站的面向群体

    C. 用户的使用习惯　　　　　　　　D. 开发者的开发习惯

14. 对于制定移动商务网站建设方案的一般步骤,正确且最完善的是_____。

    A. 是否有市场→建设网站的目标→用户对站点的需求→用户想得到什么→建设方案

    B. 用户想得到什么→用户对站点的需求→是否有市场→建设网站的目标→建设方案

    C. 是否有市场→建设网站的目标→用户对站点的需求→建设方案

    D. 用户对站点的需求→用户想得到什么→是否有市场→建设网站的目标→建设方案

15. 以下关于 Web APP、Hybrid APP、Native APP 之间的比较,说法不正确的是_____。

    A. Web APP 的开发成本最低

    B. Native APP 的维护更新最复杂

    C. Hybrid APP 的用户体验佳

    D. Native APP 的跨平台性最好

二、名词解释

1. 移动电子商务。

2. 二维码。

3. 移动支付。

三、简述题

1. 请简要说明移动电子商务与传统电子商务的区别。

2. 什么是 HTML? HTML 和 HTML5 有何区别?

四、论述题

请说明什么是 LAMP。

第 2 章

JavaScript 与 jQuery

JavaScript 语言作为流行的脚本语言，与 HTML5 的应用密不可分。HTML5 中的核心功能基本都需要 JavaScript 语言的支持，Web2.0 以及 jQuery、AJAX 推动了 JavaScript 语言的应用。

JavaScript 广泛应用于网页动态功能。在客户端，利用 JavaScript 脚本语言，可以设计出多种网页特效。而 jQuery 是一个强大的 Javascript 库，封装了很多现有的方法和属性，可以使开发人员用很少的代码，更好更快地开发出各种网页动态特效。本章将学习 JavaScript 与 jQuery。

2.1 JavaScript 概述

2.1.1 JavaScript 简介

JavaScript 最初由网景公司设计，是一种动态、弱类型、基于原型的语言，经过 20 年的发展，它已经成为健壮的（Robustness 程序的健壮性）、基于对象和事件驱动的客户端脚本语言，广泛应用于 Web 的客户端开发，常用来给 HTML 添加动态功能，比如响应用户的各种操作。

JavaScript 基于对象和事件驱动，把 HTML 页面中的每个元素都当作一个对象来处理，并且这些对象都具有层次关系，像一棵倒立的树，这种关系被称为"文档对象模型（DOM）"。在编写 JavaScript 代码时，会接触到大量的对象及对象的方法和属性。

2.1.2 在 HTML5 文件中使用 JavaScript 代码

JavaScript 是一种脚本语言，代码不需要编译成二进制，而是以文本的形式存在，因此文本编辑器都可以作为其开发环境。通常使用的 JavaScript 编辑器有记事本和 Dreamweaver。

在 HTML5 文件中使用 JavaScript 代码主要有两种方法：一种是内嵌式，即将 JavaScript 代码书写在 HTML5 中;另一种是外部引用,即将 JavaScript 代码书写在扩展名 .js 的文件中,在 HTML5 文件中引用。

1)将 JavaScript 代码内嵌在 HTML5 文件

将 JavaScript 代码直接嵌入 HTML5 文件中时,需要使用<script>标记,告诉浏览器这个位置是脚本语言。在<script>标记中,type 属性用来指定 MIME(Multipurpose Internet Mail Extension)类型,指明了脚本的语言类型。目前常用的有 JavaScript 和 VBScript 这两种。由于大部分浏览器默认的 Script 语言都是 JavaScript,所以也可以省略这个属性,直接写出<script></script>。<script>标记的使用方法如下所示。

【例 2.1】

将 JavaScript 代码内嵌在 HTML 文件:

```
<!DOCTYPE HTML>
<html>
  <head>
    <meta charset = "utf-8">
    <title>第一个例子</title>
    <script type = "text/javascript">
      / * 功能是:
        输出 hello * /
      document.write("hello");
    </script>
  </head>
  <body>
  </body>
</html>
```

上面的代码功能是输出字符串"hello",运行结果如图 2-1 所示。

图 2-1　将 JavaScript 代码内嵌在 HTML 文件

2）外部 JavaScript 文件

在 HTML 文件中，可以包含 CSS 代码和 JavaScript 代码。如果把这些代码都写在同一个 HTML 文件中，虽然简便，但是却使 HTML 代码变得繁杂，并且无法反复使用。为了解决这种问题，可以将 JavaScript 独立成一个脚本文件（扩展名为.js），在 HTML5 文件中调用该脚本文件，其调用方法如下所示。

```
<script src = 外部脚本文件></script>
```

将上述程序修改为调用外部 JavaScript 文件，其操作步骤如下。

【例 2.2】

第一步：创建 hello.js 文件，代码如下所示。

```
// JavaScript Document
document.write("hello");
```

第二步：创建 HTML 文件，代码如下所示。

```
<!DOCTYPE HTML>
<html>
  <head>
    <meta charset = "utf - 8">
    <title>外部 JavaScript 文件</title>
    <script src = "hello.js"></script>
  </head>
  <body>
  </body>
</html>
```

程序运行结果，请参阅图 2-1 所示。

外部脚本的使用，实现了脚本代码与 HTML 页面的逻辑结构分离，不仅大大简化了程序，还提高了复用性。

3）JavaScript 基本语法

• 语句

JavaScript 脚本语言由一系列的指令构成，这些指令就称为语句。只有符合语法规则的语句才能被正确执行。比如【例 2.1】中的"document.write("hello");"就是一条语句。JavaScript 语句之间可以用换行符或者分号分割；JavaScript 语句对大小写敏感，即 JavaScript 是一种区分大小写的语言。

• 注释

注释是加入到脚本中的解释、说明信息，用来说明一段脚本或一条语句的功能和限制等。具有良好注释风格的脚本可以帮助开发人员理解、维护和调试脚本程序。JavaScript 有两种注释方法：第一种方法是单行注释，以双斜杠"//"开头，直到这一行结束，例如【例 2.2】中 hello.js 文件的注释；第二种是多行注释，使用斜杠加星号"/＊"作为注释开始，以星号加斜杠"＊/"作为注释结束，中间部分为跨越多行的注释内容，例如【例 2.1】中的注释。

• 变量与数据类型

由于 JavaScript 采用弱类型的形式，因而一个变量不必事先声明数据类型，而是在使用或赋值时自动确定其数据类型。当然也可以事先声明该数据类型。

在 JavaScript 中，使用 var 关键字声明变量。使用示例如下：

```
var yourNumber = 100;
```

与其他语言类似，JavaScript 有三种基本的数据类型：数值型、字符串型和布尔型。这将在后面的 JavaScript 内置对象中讲述。需要特别注意，JavaScript 与其他语言不同的是：

（1）在 JavaScript 中没有整数和浮点数之分，无论什么样的数字，都属于数值型（Number），其有效范围是 $10^{-308} \sim 10^{308}$。

（2）在 JavaScript 中，大于 10^{308} 的数值，超出了数值类型的上限，也即无穷大，用 Infinity 表示；同理，小于 10^{-308} 的数值，超出了数值类型的下限，也即无穷小，用-Infinity 表示。

（3）如果 JavaScript 在进行数学运算时，产生了错误或不可预知的结果，就会返回 NaN（Not a Number）。NaN 是一个特殊的数字，属于数值型（Number），它和任何数值都不相等，只能使用 isNaN 检测这个值。

（4）空数据类型 null，表示一个空值，即没有值存在，而不是 0，0 是有值的。

（5）未定义数据类型 undefined 表示变量被创建后，该变量未被赋值，那么此时变量的值就是未定义数据类型。对于数字，未定义值为 NaN；对于字符串，未定义值为 undefined；对于布尔型，未定义值为 FALSE。

2.2 基于对象的 JavaScript

JavaScript 是基于对象和事件驱动的脚本语言，理解 JavaScript 对象，并进一步掌握对象如何创建、对象的属性和方法的使用，对于 JavaScript 编程至关重要。

2.2.1 JavaScript 对象

JavaScript 是基于对象（Object-Based）的语言，其对象架构以 window 为顶

层,window 内还包含许多其他的对象,如框架(frame)、文档(document)等,文档中还有图片(image)、表单(form)、按钮(button)等对象,如图 2-2 所示。

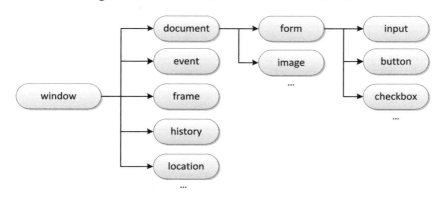

图 2-2　JavaScript 架构

只要通过 id、name 属性或 forms[]、images[]等对象集合就能获取对象,并使用各自的属性。例如,我们想要利用 JavaScript 在网页文件中显示"欢迎光临"字样,网页输出对象是 document,它是 window 的下层,所以 JavaScript 代码如下所示:

```
window.document.write("欢迎光临");
```

因为 JavaScript 程序代码与对象在同一页面,所以 window 可以省略不写,因此我们经常看到的代码如下所示:

```
document.write("欢迎光临");
```

每个对象都拥有属于自己的属性(Property)、方法(Method)以及事件(Event)。

1) 属性(Property)

属性(Property)决定了一个对象的状态,通常要获取或者设置对象的属性。获取或设置对象属性的方法如下所示:

```
对象名称.属性               //获取对象属性
对象名称.属性 = 属性值;        //设置对象属性
```

2) 方法(Method)

方法(Method)是一个函数,用来表示对象的操作。定义函数的方法如下所示:

```
function 函数名称(参数)
    {
    JavaScript 语句
    …
    return(返回值)  //有返回值时才需要
    }
```

调用方法通常如下所示：

对象名称.函数名称(参数)

3）事件（Event）

事件（Event）是由用户的操作或系统所发出的信号，例如当用户单击鼠标键、提交表单，或者当浏览器加载网页时，这些操作就会产生特定的事件，因此可以用特定的程序来处理此事件。这种工作模式就叫做事件处理（Event Handling），而负责处理事件的函数就称为事件处理函数（Event Handler）。

事件处理函数通常与对象相关，不同的对象会支持不同的事件处理过程。表 2-1 是 JavaScript 中常用的事件。

表 2-1　JavaScript 常用事件

事件	含义
onClick	鼠标单击对象时
onMouseOver	鼠标经过对象时
onMouseOut	鼠标离开对象时
onLoad	网页载入时
onUnload	离开网页时
onError	加载发生错误时
onAbort	停止加载图片时
onFocus	窗口或表单组件取得焦点时
onBlur	窗口或表单组件失去焦点时
onSelect	选择表单组件内容时
onChange	改变表单组件内容时
onReset	重置表单时
onSubmit	提交表单时

JavaScript 和 HTML 的整合是通过事件处理过程（Event Handler）完成的，也就是先设置对象的事件处理方法，当事件发生时，指定的对象方法就会被驱动运行。因此在网页中开发程序的步骤如下：①创建 HTML 文件；②添加事件；③添加事件处理过程，即编写 JavaScript 代码；④保存、预览结果与调试。

2.2.2 JavaScript 内置对象

JavaScript 是一种基于对象的脚本语言，将一些常用功能预先定义成内置对象，用户可以直接使用。这里重点介绍 JavaScript 内置对象。

1）字符串对象

字符串类型是使用双引号（" "）或单引号（' '）括起来的一个或多个字符，是 JavaScript 的基本数据类型之一。在 JavaScript 中，可以将字符串直接看成字符串对象，不需要任何转换。

（1）字符串对象的创建。字符串对象有两种创建方法。

• 直接声明字符串变量

```
[var] 字符串变量 = 字符串
```

• 使用 new 关键字来创建字符串对象

```
[var] 字符串变量 = new String(字符串)
```

其中 var 是可选项。两种创建方法的效果是一样的，声明的字符串变量就是字符串对象。

（2）字符串对象的常用属性。字符串对象的属性比较少，常用的属性为 length。

【例 2.3】

```
<!DOCTYPE HTML>
<html>
  <head>
    <meta http-equiv = "Content-Type" content = "text/html; charset = utf-8" />
    <title>字符串对象的创建与属性</title>
    <script type = "text/javascript">
    // 字符串对象的创建：2 种方法
    var myString1 = "This is a sample";    // 直接声明
```

```
    var myString2 = new String("abcde");   //使用 new 关键字创建
    // 属性 length：字符串长度
    document.write("字符串对象'" + myString2 + "'长度是:" +
myString2.length);
    </script>
    </head>
    <body>
    </body>
</html>
```

在上面的代码中，使用两种方法创建了 2 个字符串对象 myString1、myString2，并输出 myString2 的属性 length，如图 2-3 所示。

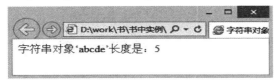

图 2-3　字符串对象的创建与属性

（3）字符串对象的常用函数。在 JavaScript 编程中，经常会在字符串对象中查找、替换字符，因此内置了大量的方法进行字符串操作，用户只需要直接使用这些方法即可以完成相应的操作。

内置字符串对象的常用函数如表 2-2 所示，为了方便示例，示例中声明字符串对象如下所示：

```
var   stringObj = "HTML5 从入门到精通—JavaScript 部分";
var   s = "good morning evening";
```

表 2-2　字符串对象常用方法

函数	说明	示例
charAt（位置）	字符串对象在指定位置处的字符	stringObj.charAt(3)结果为"L"
charCodeAt（位置）	字符串对象在指定位置处字符的 Unicode 值	stringObj.charCodeAt（3）结果为"76"

（续表）

函数	说明	示例
indexOf（要查找字串，[起始位置]）	从字符串对象的指定位置开始，从前到后查找子字符串在字串中的位置	stringObj.indexOf（"a"）结果为 13
lastIndexOf（要查找字串）	从后到前查找子字符串在字串中的位置	stringObj.lastIndexOf（"a"）结果为 15
substr（开始位置，[长度]）	从字符串对象指定的位置开始，按照指定的数量截取字符，并返回截取的字符串	stringObj.substr（2,5）结果为"ML5 从入"
substring（开始位置，结束位置）	从字符串对象指定的位置开始，截取字符串至结束位置，并返回截取的字符串	stringObj.substring（2,5）结果为"ML5"
split（[分隔符]）	将字符串分割到一个数组	t＝s.split（" "） for（i in t）{ document.write（t[i]＋","）; } 结果为"good,morning,evening,"
replace（需替代的字串，新字串）	在字符串对象中，将指定的字符串替换成新的字符串	stringObj.replace（"HTML5 ","网页设计"）结果为"网页设计从入门到精通——JavaScript 部分"
toUpperCase（）	字符串对象中的字符变为大写字母	s.toUpperCase（）结果为"GOOD MORNING EVENING"
toLowerCase（）	字符串对象中的字符变为小写字母	stringObj.toLowerCase（）结果为"html5 从入门到精通——javascript 部分"

　　需要注意的是，在对字符串对象应用表 2-2 的方法时，不会改变原字符串的内容；字符串索引是从 0 开始，变量 stringObj 中第 0 个位置的字符是"H"，第 1 个位置的字符是"T"，以此类推。

　　2）数学对象

　　在 JavaScript 中，用 Math 表示数学对象，将数学上很多常用的常数定义为 Math 对象的属性，而将数学上常用的函数定义为 Math 对象的方法。Math 对象不需要创建，而是直接使用。

　　Math 对象的属性是只读的，不能对其赋值。Math 对象的常用属性如表2-3

所示。

表 2-3　Math 对象的常用属性

属性	数学意义	值
Math.E	欧拉常量 e，即自然对数的底数	约等于 2.718
Math.LN2	2 的自然对数	约等于 0.693
Math.LN10	10 的自然对数	约等于 2.302
Math.LOG2E	以 2 为底的 e 的对数	约等于 1.442
Math.LOG10E	以 10 为底的 e 的对数	约等于 0.434
Math.PI	圆周率	约等于 3.14159
Math.SQRT1_2	0.5 的平方根	约等于 0.707
Math.SQRT2	2 的平方根	约等于 1.414

Math 对象的方法如表 2-4 所示。

表 2-4　Math 对象的常用方法

方法	含义
Math.abs(x)	返回 x 的绝对值
Math.sin(x)	返回 x 的正弦值
Math.cos(x)	返回 x 的余弦值
Math.tan(x)	返回 x 的正切值
Math.asin(x)	返回 x 的反正弦值
Math.acos(x)	返回 x 的反余弦值
Math.atan(x)	返回 x 的反正切值
Math.ceil(x)	向上取整（大于或等于当前数的最小整数）
Math.floor(x)	向下取整（小于或等于当前数的最大整数）
Math.exp(x)	返回 e 的 x 次幂
Math.log(x)	返回 x 的自然对数值
Math.max(x,y)	返回 x,y 中的最大值
Math.min(x,y)	返回 x,y 中的最小值
Math.pow(x,y)	返回 x 的 y 次幂
Math.random(x)	返回 0～1 之间的随机数

（续表）

方法	含义
Math.round(x)	按照四舍五入的规则取整
Math.sqrt(x)	返回 x 的平方根

除了数学对象之外，JavaScript 还针对数值类型（Number）数据提供了 toFixed 函数和 toPrecision 函数，如表 2-5 所示。

表 2-5 保留小数函数

方法	含义
toFixed(x)	四舍五入之后保留 x 位小数
toPrecision(x)	四舍五入之后保留 x 位有效数字

举例如下所示。

```
var   num = 2011.1258;
var   dec1 = num.toFixed(2);//保留 2 位小数,结果为 2011.13
var   dec2 = num.toFixed(3);//保留 3 位小数,结果为 2011.126
var   dec3 = num.toFixed(6);//保留 6 位小数,结果为 2011.125800
var   dec4 = num.toPrecision (6);//保留 6 位有效数字,结果为 2011.13
var   dec5 = num.toPrecision (7);//保留 7 位有效数字,结果为 2011.126
var   dec6 = num.toPrecision (10);       //保留 10 位有效数字,结果为
2011.125800
var   dec7 = num.toPrecision (2);//保留 2 位有效数字,结果为 2.0e + 3
```

【例 2.4】

```
<!DOCTYPE html>
  <html>
    <head>
    <meta http-equiv = "Content-Type" content = "text/html; charset =
utf-8" />
    <title>数学对象</title>
    <script type = "text/javascript">
      var data;    //全局变量
      function getRandom(){
```

```
        data = Math. floor(Math. random() * 100);
        alert("随机整数为:" + data);
        }
    function cal(){
        var square = Math. pow(data, 2);   //平方
        var squareRoot = Math. sqrt(data). toFixed(2);   //平方根
        var logarithm = Math. log(data). toFixed(2);//自然对数
        alert("随机整数" + data + "的相关计算:\\n 平方   平方根   自然对
数\\n" + square + "   " + squareRoot + "   " + logarithm);
        }
    </script>
  </head>
  <body>
    <form action = "" method = "post" name = "myform" id = "myform">
        <input type = "button" value = "随机数"   onclick = "getRandom
()"/>
        <input type = "button" value = "计算"   onclick = "cal()"/>
    </form>
  </body>
</html>
```

运行程序时,先单击【随机数】按钮,会产生一个随机数,并弹出对话框如图 2-4(a)所示;再单击【计算】按钮会弹出如图 2-4(b)所示的对话框。

（a）生成随机数　　　　　　（b）随机数的计算

图 2-4　计算随机整数的平方、平方根与自然对数

3）日期对象

在网页程序的开发过程中，经常会处理日期和时间，因此 JavaScript 提供了日期对象（Date）。

（1）创建日期对象。创建日期对象必须使用 new 语句，可以使用下面 5 种方法。

```
//返回当前日期和时间
var myDate1 = new Date();

//使用日期字串,月份用英文单词,其他部分用数字;时分秒可以省略
var myDate2 = new Date("month dd,yyyy [hh:mm:ss]");

//使用日期字串,其中年份 4 位数字,月份 0 至 11 代表 1 月到 12 月;时分秒
可以省略
var myDate2 = new Date("yyyy/month/dd [hh:mm:ss]");

//指定年月日时分秒;月份 0 至 11 代表 1 月到 12 月;时分秒可以省略
var myDate3 = new Date(yyyy,mth,dd[,hh,mm,ss]);

//以距离 1970 年 1 月 1 日的毫秒数为参数创建日期对象
var myDate4 = new Date(ms);
```

（2）日期对象的方法。日期对象的方法主要分为三大类：getXXX、setXXX 和 toXXX，如表 2-6 所示。getXXX 方法用于获取时间和日期值；setXXX 方法用于设置时间和日期值；toXXX 方法用于将日期转换成指定格式。

表 2-6　日期对象的方法

方法	描述
getDate()	获取一个月中的某一天（1～31）
getDay()	获取一周中的某一天（0～6）
getHours()	获取小时数（0～23）
getMinutes()	获取分钟数（0～59）
getSeconds()	获取秒数（0～59）
getTime()	获取完整的时间

（续表）

方法	描述
getMonth()	获取月份值(0~11)
getFullYear()	获取四位数字的年份
setDate()	设置一个月中的某一天(1~31)
setHours()	设置小时数(0~23)
setMinutes()	设置分钟数(0~59)
setMonth()	设置月份值(0~11)
setSeconds()	设置秒数(0~59)
setTime()	以毫秒设置时间
setFullYear()	设置四位数字的年份
toLocaleString()	根据计算机上配置的格式,把 Date 对象转换为字符串
toLocaleTimeString()	根据计算机上配置的时间格式,把 Date 对象的时间部分转换为字符串
toLocaleDateString()	根据计算机上配置的日期格式,把 Date 对象的日期部分转换为字符串

【例 2.5】

```
<!DOCTYPE html>
<html>
  <head>
    <meta http-equiv = "Content-Type" content = "text/html; charset =
utf-8" />
    <title>创建日期对象</title>
    <script>
      var myDate1 = new Date();

      var myDate2 = new Date("June 10,2010");//字符串 → 日期对象

      var myDate3 = new Date("2010/6/10");//字符串 → 日期对象

      var myDate4 = new Date(2014,4,15,8,0,1);//多参数,月份＋1
```

```
        // 以距离 1970 年 1 月 1 日 8 时 0 分 0 秒 0 毫秒的毫秒数为参数
        var myDate5 = new Date(2000);

        document. write ( " myDate1 所 代 表 的 时 间 为:" + myDate1.
toLocaleString() + "<br>");
        document. write ( " myDate2 所 代 表 的 时 间 为:" + myDate2.
toLocaleString() + "<br>");
        document. write ( " myDate3 所 代 表 的 时 间 为:" + myDate3.
toLocaleString() + "<br>");
        document. write ( " myDate4 所 代 表 的 时 间 为:" + myDate4.
toLocaleString() + "<br>");
        document. write ( " myDate5 所 代 表 的 时 间 为:" + myDate5.
toLocaleString() + "<br>");
    </script>
  </head>


  <body>
  </body>
</html>
```

上面的代码中,使用了 5 种方法创建日期对象,并根据本地计算机配置的日期格式,输出日期对象,浏览效果如图 2-5 所示。

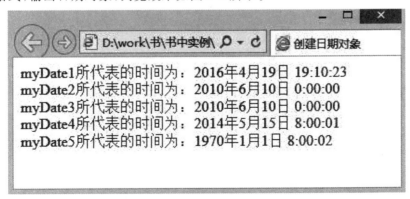

图 2-5　创建日期对象

4）数组对象

数组是有序数据的集合，JavaScript 中的数组元素可以使用不同的数据类型。

（1）数组对象的创建、属性和操作。

【例 2.6】

```
<!DOCTYPE html>
<html>
<head>
<meta http-equiv = "Content-Type" content = "text/html; charset = utf-8" />
<title>数组对象的创建、属性和操作</title>
<script>

//数组对象的创建:3 种方法
var demo1 = new Array();//创建长度为 0 的数组
demo2 = new Array(6);//创建长度为 6 的数组
var demo3 = new Array(1,2,3,4)//创建指定长度的数组,并赋值

//数组可以是不同类型,下标是从 0 开始
var myArr = new Array("good",3,-6.5,true,7);    //长度为 5
document.write("变量 myArr:" + myArr + "<br>");

//数组对象的属性:length
document.write("变量 myArr 长度:" + myArr.length + "<br>");

//遍历访问数组
///方法一:通过数组的序列号
        document.write("//////////////////////////")
        document.write("遍历访问数组")
        document.write("<br/>方法一:通过数组的序列号访问数组")
        document.write("<br/>myArr 变量第三个元素值:" + myArr[2]
            + "<br>");
```

```
///方法二:for 语句遍历数组
        document.write("<br/>方法二:for 语句遍历数组:<br/>");
        for (var i = 0;i<myArr.length;i + + )document.write(myArr
        [i] + "<br/>");


///方法三:for...in 语句遍历数组
        document.write("<br/>方法三:for...in 语句遍历数组:<
        br/>");
        for (var s in myArr)document.write(myArr[s] + "<br/>");


//删除数组元素
//方法一:修改 length 属性值
//        length 的取值随着数组元素的增减而变化,还可以修改 length 属
性值
        document.write("///////////////////////")
        document.write("删除数组元素")
        document.write("<br/>方法一:修改 length 属性值:")
        myArr.length = 3;
        document.write("'length = 3',myArr 变量:" + myArr + "<br>");


//方法二:删除下标为 1 的元素
        document.write("<br/>方法二:删除下标为 1 的元素")
        delete myArr[1];//length 属性不变
        document.write("<br/>变量 myArr[1]:" + myArr[1] + "<br
        >");
        document.write("删除下标为 1 的元素后,字符串变量 myArr:" +
        myArr + "<br>");
        document.write("<br/>字符串变量 myArr 长度:" + myArr.
        length + "<br>");


//添加数组元素
        document.write("///////////////////////")
        document.write("添加数组元素")
        document.write("<br/>方法一:直接为元素赋值:<br/>");
```

```
        myArr[3] = "直接为第四个元素赋值";
        document.write("变量 myArr:" + myArr + "<br>");
        document.write("属性 length:" + myArr.length + "<br>");//
        length 属性不变
        document.write("<br/>方法二:设置属性 length = 5 :<br/
        >");
        myArr.length = 5;
        document.write("myArr 变量第五个元素值:" + myArr[4] + "<
        br>");

    </script>
    </head>

    <body>
    </body>
    </html>
```

上面的代码使用不同的方法创建数组对象、遍历数组,以及添加、删除数组元素,浏览效果如图 2-6 所示。

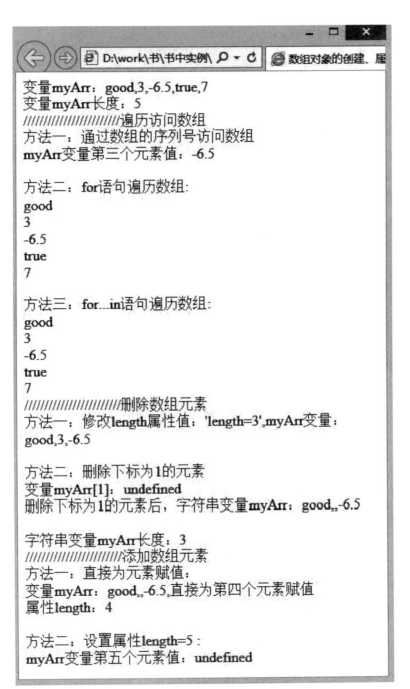

变量**myArr**：good,3,-6.5,true,7
变量**myArr**长度：5
//////////////////////////////////遍历访问数组
方法一：通过数组的序列号访问数组
myArr变量第三个元素值：-6.5

方法二：**for**语句遍历数组:
good
3
-6.5
true
7

方法三：**for…in**语句遍历数组:
good
3
-6.5
true
7
//////////////////////////////////删除数组元素
方法一：修改**length**属性值：'length=3',myArr变量：
good,3,-6.5

方法二：删除下标为1的元素
变量**myArr[1]**：**undefined**
删除下标为1的元素后，字符串变量**myArr**：good,,-6.5

字符串变量**myArr**长度：3
//////////////////////////////////添加数组元素
方法一：直接为元素赋值：
变量**myArr**：good,,-6.5,直接为第四个元素赋值
属性**length**：4

方法二：设置属性length=5：
myArr变量第五个元素值：**undefined**

图 2-6　数组对象的创建、属性和操作

（2）数组对象的方法。在 JavaScript 中，提供了数组的常用操作方法。例如，合并数组，删除数组元素，添加数组元素，数组元素排序，等等。数组对象的常用方法如表 2-7 所示。

表 2-7 数组对象的常用方法

方法	描述
concat(数组 1,数组 2,…)	合并数组
join(连接符)	使用连接符,将数组元素转换为字符串
pop()	删除最后一个元素,并返回被删除的元素
push(元素 1, 元素 2,…)	添加元素 1, 元素 2,…,到数组末尾,并返回数组的长度
shift()	删除数组第一项,并返回删除元素的值
unshift(元素 1, 元素 2,…)	添加元素 1, 元素 2,…,到数组开头,并返回数组的长度
slice(start,end)	从原数组中选择索引为 start～end-1 的元素组成的新数组
reverse()	倒序数组
sort()	排序数组

【例 2.7】

```
<!DOCTYPE html>
<html>
  <head>
  <meta http-equiv = "Content-Type" content = "text/html; charset =
utf-8" />
  <title>数组对象的方法</title>
  <script type = "text/javascript">
var myArr = new Array("A","B","C");
var myArr2 = new Array("J","K","L");
var myArr3 = new Array();

myArr3 = myArr3.concat(myArr,myArr2);//合并数组
document.write("合并后数组:");
  for (i in myArr3)  document.write(myArr3[i] + " ");
```

```
myArr3.pop();//删除 myArr3 数组的最后一个元素,并输出
document.write("<br/>删除最后一个元素:");
for (i in myArr3)document.write(myArr3[i] + " ");

myArr3.shift();//删除 myArr3 数组的第一个元素,并输出
document.write("<br/>删除第一个元素:");
for (i in myArr3) document.write(myArr3[i] + " ");

myArr3.push("m","n","q");//尾部追加 3 个元素,并输出
document.write("<br/>尾部追加 3 个元素:");
for (i in myArr3) document.write(myArr3[i] + " ");

myArr3.unshift("x","y","z");//数组开头插入 3 个元素,并输出
document.write("<br/>数组开头插入 3 个元素:" + myArr3);

var myArr4 = myArr3.slice(2,4);//选择数组中索引 2~(4-1)的元素组成
新的数组,并输出
document.write("<br/>组成新的数组:");
var s = myArr4.join(" ");//将数组转换成字符串,用空格分隔
document.write(s + "<br/>");
var s2 = "张三,李四,王五";
var myArr5 = s2.split(",");//以逗号为分隔符,将字符串 s2 分隔到数组
myArr5,并输出
for (i in myArr5) document.write(myArr5[i] + " ");
</script>
</head>
<body>
</body>
</html>
```

上面的代码演示数组对象的常用操作方法,合并数组,添加、删除数组元素,以及数组与字符串的相互转换,浏览效果如图 2-7 所示。

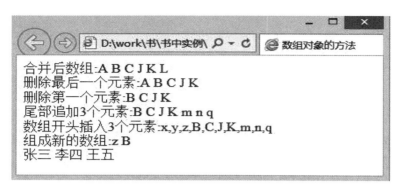

图 2-7　数组对象的常用方法

2.3　文档对象模型（DOM）

JavaScript 可以使用 DOM 模型动态修改网页。DOM（Document Object Model，文档对象模型）定义了访问和操作 HTML 文档的标准方法。它把 HTML 文档呈现为带有属性和方法的树状层次结构，如图 2-8 所示。

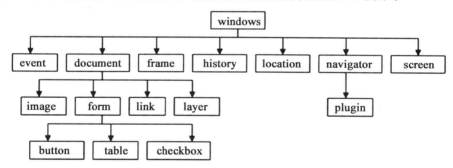

图 2-8　DOM 模型

对于每一个页面，浏览器都会自动创建 window 对象，表示浏览器中打开的窗口。而 window 对象又具有以下属性：

（1）event 对象：网页事件对象。

（2）document 对象：网页输出对象。

（3）frame 对象：文档包含 frame 或 iframe 标签时，调用 frame 对象。

（4）location 对象：包含有关当前 URL 的信息。

（5）navigator 对象：包含有关浏览器的信息。

（6）history 对象：包含有关浏览历史的信息。

2.3.1　窗口对象（window）

窗口对象 window 表示浏览器中打开的窗口，如果文档包含 frame 或 iframe 标签，浏览器会为 HTML 文档创建一个 window 对象，并为每个框架创建一个额外的 window 对象。

window 对象的属性如表 2-8 所示。

表 2-8　window 对象的常用属性

属性	描述
closed	只读属性，当窗口关闭时，此属性为 TRUE，默认为 FALSE
defaultStatus，status	设置或获取窗口状态栏显示的文本
locationbar，menubar，scrollbars，statusbar，toolbar	对窗口中各种工具栏的使用，像地址栏、工具栏、菜单栏、滚动条等。这些对象分别用来设置浏览器窗口中各个部分的可见性
name	窗口名称，可被 HTML 标记<a>的 target 属性使用
opener	对打开当前窗口的 window 对象的引用。只有表示顶层窗口的 window 对象的 opener 属性才有效，表示框架的 window 对象的 opener 属性无效
window	自引用属性，是对当前 window 对象的引用，与 self 属性相同
self	自引用属性，是对当前 window 对象的引用，与 window 属性相同
parent	获取父窗口，如果当前窗口是框架，它就是对窗口中包含这个框架的引用
top	获取最顶层的父窗口，如果当前窗口是框架，top 属性引用包含框架的顶层窗口
document	对 document 对象的只读引用
history	对 history 对象的只读引用
location	用于窗口或框架的 location 对象，代表当前窗口的 URL
frame[]	window 对象的数组，代表窗口的各个框架

在客户端 JavaScript 中，window 对象是全局对象，因此可以把窗口的属性作为全局变量来使用，例如获取 document 对象，可以只写 document，而不必写 window.document。window 对象的常用方法如表 2-9 所示。

表 2-9　window 对象的常用方法

方法	描述
close()	关闭窗口
open()	打开一个窗口
setInterval()	按照指定的周期(以毫秒计)重复调用函数或计算表达式。它会不停地调用函数,直到 clearInterval()被调用或窗口被关闭
clearInterval()	取消重复调用的函数。由 setInterval 返回的 ID 值作为 clearInterval()方法的参数
setTimeout()	用于在指定的毫秒数后调用函数或计算表达式。setTimeout()只执行一次调用。如果要多次调用,就要用 setInterval(),或让函数自身调用 setTimeout()
clearTimeout()	取消 setTimeout()设置的调用。由 setTimeout 返回的 ID 值作为 clearTimeout()方法的参数
alert()	弹出包含一条指定消息、一个【确定】按钮的消息对话框
confirm()	弹出包含指定消息、【确定】按钮、【取消】按钮的选择对话框
prompt()	弹出包含文本框、【确定】按钮、【取消】按钮的输入对话框,其中文本框要求用户输入信息。点击【确定】按钮,返回文本框里输入的信息,如果点击【取消】按钮,则返回 null

【例 2.8】

```
<!DOCTYPE html>
<html>
<head>
<title>打开新窗口</title>
<script language = "JavaScript">
  function setwindowStatus()
  {
  window.status = "window 对象的简单应用案例,这里的文本是由 status 属性设置的.";
  }
  function Newwindow() {
    msg = open("","Displaywindow","toolbar = no,directories = no,menubar = no");
```

```
        msg.document.write("<HEAD><TITLE>新窗口</TITLE></
HEAD>");
        msg.document.write("<CENTER><h2>这是由 window 对象的 Open
方法所打开的新窗口!</h2></CENTER>");
    }
  </script>
  </head>
    <body onload = "setwindowStatus()">
    < input type = "button" name = "Button1" value = "打开新窗口"
onClick = "Newwindow()">
    </body>
</html>
```

在代码中,使用 onload 加载事件,调用 JavaScript 函数 setWindowStatus 用于设置状态栏信息。创建了一个按钮,并为按钮添加了单击事件处理函数 NewWindow,函数通过 open 方法打开一个新的窗口。

运行程序时,单击【打开新窗口】按钮时,会弹出一个新窗口,如图 2-9 所示。

图 2-9　打开新的窗口

【例 2.9】

```
<!DOCTYPE html>
<html>
  <head>
```

```
    <meta http-equiv = "Content-Type" content = "text/html; charset =
utf-8" />
    <title>对话框</title>
    <script type = "text/javascript">
    function disp_alert()
    {
    alert("我是消息对话框");// 消息对话框
    }
    function disp_prompt()
    {
    var name = prompt("请输入名称","aaa")//输入对话框
     if (name! = null&&name! = "")   document. write ( "你好 " + name
+ "!");
    }


    function disp_confirm()
    {
    var r = confirm("按下按钮")//选择对话框
    if (r = = true)  {  document.write("单击确定按钮")}
        else{   document.write("单击取消按钮")}
    }
  </script>
</head>
<body>
  <input type = "button" onclick = "disp_alert()" value = "消息对话
框"/>
  <input type = "button" onclick = "disp_prompt()" value = "输入对话
框"/>
  <input type = "button" onclick = "disp_confirm()" value = "选择对话
框"/>
  </body>
</html>
```

　　在上面的 HTML 代码中,创建了 3 个表单按钮,并分别为 3 个按钮添加了单击事件,即单击不同的按钮时,调用不同的 JavaScript 函数。在 JavaScript 代码中,创建了 3 个 JavaScript 函数,这三个函数分别调用 window 对象的 alert()、prompt()和 confirm()方法创建不同形式的对话框。

　　运行程序时,单击页面上的 3 个按钮会显示不同形式的对话框。单击页面上的【消息对话框】按钮时,会弹出消息对话框,如图 2-10(a)所示。当单击页面上的【输入对话框】按钮时,会弹出输入对话框,如图 2-10(b)所示。其中的文本框默认值为 aaa,也可以在文本框中输入文本;单击图 2-10(b)所示的输入对话框上的【确定】按钮时,页面上会显示"你好 XXX!",其中 XXX 为输入对话框中的文本框内容,如图 2-10(c)所示。当单击页面上的【选择对话框】按钮时,会弹出选择对话框,如图 2-10(d)所示;单击图 2-10(d)所示的选择对话框上的【确定】、【取消】按钮时,页面上分别显示"单击确定按钮""单击取消按钮",如果单击的是【确定】按钮时,显示的页面如图 2-10(e)所示。

（a）消息对话框

（b）输入对话框（一）

（c）输入对话框（二）

（d）选择对话框（一）

（e）选择对话框（二）

图 2-10　三种对话框

2.3.2　文档对象（document）

通过文档对象 document，可以实现在 JavaScript 中动态地获取或者设置 HTML 页面中的特定元素。document 对象的常用属性如表 2-10 所示。

表 2-10　document 对象的常用属性

属性	描述
title	等价于 HTML 的＜title＞标签
bgColor	背景色
fgColor	前景色（文本颜色）
URL	设置 URL 属性，从而在同一窗口打开另一网页
cookie	设置或获取 cookie
images[]	images 对象数组，是文档中＜img＞标记的集合
forms[]	form 对象数组，是文档中＜form＞标记的集合
links[]	link 对象数组，是文档中＜a＞标记的集合

一个 HTML 文档中的每个＜img＞标记都会在 document 对象的 images[] 数组中创建一个元素，可以通过 document.images 获取页面上的所有＜img＞标签对象，document.images.length 获取页面上＜img＞标签的个数，document. images[0]获取页面第 1 个＜img＞标签。这一规则还适用于＜form＞和＜a＞标记。

文档对象 document 除了包含表 2-10 列出的属性之外，所有页面标记的 name 值都是 document 的属性，可以通过标记的 name 属性获取页面标记。如果页面定义了页面元素＜img name＝"oImage"＞，可以通过 document.images. oImage 获取。

document 对象的常用方法如表 2-11 所示。

表 2-11　document 对象的常用方法

方法	描述
write()	在当前打开的文档中输出文本
writeln()	在当前打开的文档中输出一行文本
createElement(Tag)	创建一个 HTML 标签对象
getElementById()	获取指定 ID 值的对象
getElementsByName()	获取指定 Name 值的所有对象
getElementsByTagName()	获取指定 Tag 值的所有对象

HTML DOM 定 义 了 多 种 定 位 HTML 页 面 元 素 的 方 法，有 getElementById()、getElementsByName()、getElementsByTagName()等。其

中通过 Name 值、Tag 值定位得到的是一个对象集合,如 var tables = document.getElementsByTagName("table")会获取文档中所有的表。如果要查找文档中一个特定的元素,通常使用 ID 值定位 getElementById()。

【例 2.10】

```
<!DOCTYPE html>
<htm>
<head>
<meta http-equiv = "Content-Type" content = "text/html; charset = utf-8" />
<title>DOM 模型</title>
</head>

<body>
<div>
   <H2>在文本框中输入内容,注意第二个文本框变化:</H2>
   <form>
   内容:< input type = "text" onchange = "document. my. elements[0].
value = this. value;" />
   </form>
   <form name = "my">
   结果:< input type = "text" onchange = "document. forms[0]. elements
[0]. value = this. value;" />
   </form>
</div>
</body>
</html>
```

代码中,document. forms[0]引用了当前文档中的第一个表单对象,document.my 则引用了当前文档中 name 属性为 my 的表单。完整的 document. forms[0]. elements[0]. value 引用了第一个表单中第一个文本框的值,而 document.my. elements[0].value 引用了名为 my 的表单中第一个文本框的值。

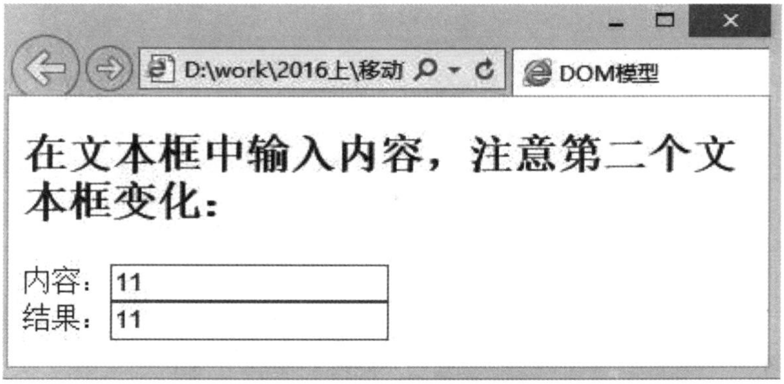

图 2-11　document 对象的使用

　　运行程序时，当在第一个文本框输入内容后，会触发 onchange 事件（当文本框的内容改变时触发），使第二个文本框中显示第一个文本框输入的内容。

2.3.3　表单对象（form）

【例 2.11】

```
<!DOCTYPE html>
<html>
  <head>
  <meta http-equiv = "Content-Type" content = "text/html; charset =
utf-8" />
  <title>表单对象</title>
  <script type = "text/javascript">
    function check(){document.getElementById("check1").checked =
true }
    function uncheck(){document.getElementById("check1").checked =
false }
    function setFocus(){document.getElementById('male').focus() }
    function loseFocus(){document.getElementById("male").blur() }
  </script>
  </head>
  <body>
    <form>
```

```
男:<input id = "male" type = "radio" name = "Sex" value = "男"/>
女:<input id = "female" type = "radio" name = "Sex" value = "
女"/><br />
<input type = "button" onclick = "setFocus()" value = "设置焦
点"/>
<input type = "button" onclick = "loseFocus()" value = "失去焦
点"/>
<br /> <hr />

<input type = "checkbox" id = "check1"/>
<input type = "button" onclick = "check()" value = "选中复选
框"/>
<input type = "button" onclick = "uncheck()" value = "不选中复选
框"/>
</form>
</body>
</html>
```

在上面的 JavaScript 代码中,创建了四个 JavaScript 函数,用于设置单选按钮和复选框的属性。前两个函数使用 checked 属性设置复选框状态。后两个函数使用 focus 和 blur 方法,设置单选按钮的行为。

页面浏览效果如图 2-12 所示,可以通过按钮来设置单选按钮和复选框状态。使用【设置焦点】和【失去焦点】设置单选按钮的焦点,使用【选中复选框】和【不选中复选框】设置复选框的选中状态。

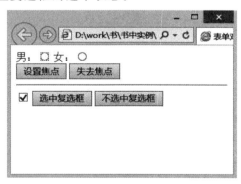

图 2-12　设置单选按钮和复选框状态

2.4　JavaScript 操纵 CSS

JavaScript 操纵 CSS,可以动态改变页面元素的显示效果,增强网页的动态特性。其实现需要使用 innerHTML 属性。几乎所有的元素都有 innerHTML 属性,用来设置或者获取位于标记开始与标记结束之间的 HTML。

2.4.1　动态设置内容

动态设置页面元素的内容,首先要获取网页元素,然后再设置其 innerHTML 属性为动态显示的内容。

【例 2.12】

```
<!DOCTYPE html>
<html>
  <head>
  <meta http-equiv = "Content-Type" content = "text/html; charset =
utf-8" />
  <title>动态内容</title>
  <script>
    function changeit(){
    var html = document.getElementById("content");
    var html1 = document.getElementById("content1");
    var temp = "<br><style> # abc {color:red;font-size:36px;}</
style>" + html.innerHTML;
    html1.innerHTML = temp;
  }
  </script>
  <body>
    <div id = "content">
      <div id = "abc">
      祝祖国生日快乐!
      </div>
    </div>
    <div id = "content1">
    </div>
```

```
    <input type = "button" onclick = "changeit()" value = "改变 HTML 内
容" />
    </body>
</html>
```

在上面的代码中,设置了 2 个 DIV 层和 1 个按钮,并为按钮添加了单击事件处理函数 changeit,该函数首先使用 getElementById 方法获取 HTML 对象,然后使用 innerHTML 属性设置 html1 层的显示内容。在 IE 中的运行效果如图 2-13(a)所示;当单击【改变 HTML 内容】按钮,会显示图 2-13(b)所示的窗口,可以看到,段落内容发生了变化,即增加了一个段落,并且字体变大,字体颜色变为红色。

(a) 动态内容显示前　　　　　　　　(b) 动态内容显示后

图 2-13　动态设置内容

2.4.2　动态改变样式

动态改变样式,需要使用 document 对象的 styleSheets 属性获取页面的样式属性数组,并进一步获取样式规则。而获取样式规则,不同的浏览器需要使用不同的方法。

【例 2.13】

样式文件:1.css

```
@charset "utf-8";
/* CSS Document */
.class1
{
  width:100px;
  heght:80px;
```

```
    background-color:red;
}
```

HTML 文件：

```
<!DOCTYPE html>
<html>
  <head>
    <link rel = "stylesheet" type = "text/css" href = "1.css" />
    <meta http-equiv = "Content-Type" content = "text/html; charset =
utf-8" />
    <title>动态样式</title>
    <script>
    function fnInit(){
    var oStyleSheet = document.styleSheets[0];
    if (oStyleSheet.cssRules) {
            oRule = oStyleSheet.cssRules[0];              //Mozilla Style
            } else {
            oRule = oStyleSheet.rules[0];                // style.
            }
    oRule.style.backgroundColor = "#FF00FF";
    oRule.style.width = "200px";
    oRule.style.height = "120px";
    }
    </script>
    </head>
    <body>
    <div class = "class1">
      我会改变样式
    </div>
    <a href = # onclick = "fnInit()">改变大小</a>
    </body>
</html>
```

在上面的 HTML 代码中,定义了一个 DIV 层,其样式规则为 class1,下面创建了一个超级链接,并为超级链接定义了一个单击事件处理函数 fnInit。在 fnInit 中,首先使用"document.stylesheets[0]"语句获取当前的样式规则集合,并通过 rules[0] 或 cssRules[0] 获取第一条样式规则元素 oRule,最后使用"oRule.style"样式对象分别设置背景色、宽度和高度样式。

设置背景色时,需要注意 background-color 和 backgroundColor 的使用:

(1) background-color 用在 CSS 样式文件中。

(2) backgroundColor 用于 JavaScript 处理 CSS 样式,要注意大小写(字母 C),通常是"DOM 对象.style.backgroundColor"。

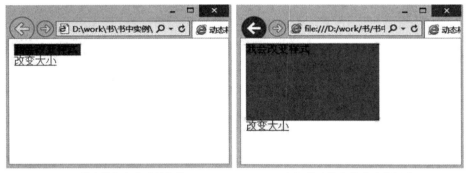

(a) 单击【改变大小】之前   (b) 单击【改变大小】之后

图 2-14　动态改变样式

在 IE 中的运行效果如图 2-14(a)所示,当单击超级链接【改变大小】时,显示效果如图 2-14(b)所示。

2.4.3　动态定位网页元素

【例 2.14】

```
<!DOCTYPE html>
<html>
<head>
<meta http-equiv = "Content-Type" content = "text/html; charset = utf-8" />
<title>动态定位</title>
<style type = "text/css">
#d1 {
  position: absolute;
  width: 300px;
  height: 300px;
```

```css
    visibility: visible;
    color: #fff;
    background: #FF00FF;
    }
#d2 {
    position: absolute;
    width: 300px;
    height: 300px;
    visibility: visible;
    color: #fff;
    background: red;
    }
#d3 {
    position: absolute;
    width: 150px;
    height: 150px;
    visibility: visible;
    color: #fff;
    background:blue;
    }
</style>
<script>
var d1, d2, d3;
window.onload = function() {
    d1 = document.getElementById('d1');
    d2 = document.getElementById('d2');
    d3 = document.getElementById('d3');
}
function divMoveTo(d, x, y) {
    d.style.pixelLeft = x;
    d.style.pixelTop = y; }
function divMoveBy(d, dx, dy) {
    d.style.pixelLeft + = dx;
```

```
        d.style.pixelTop + = dy;
}
</script>
</head>
<body id = "bodyId">
  <form name = "form1">
  <h3>移动定位</h3>
  <p>
  <input type = "button" value = "移动 d2" onClick = "divMoveBy(d2,
100,100)"><br>
  <input type = "button" value = "移动 d3 到 d2(0,0)" onClick = "
divMoveTo(d3,0,0)"><br>
  <input type = "button" value = "移动 d3 到 d2(75,75)" onClick = "
divMoveTo(d3,75,75)"><br>
  </p>
</form>
  <div id = "d1">
    <b>d1</b>
  </div>
  <div id = "d2">
    <b>d2</b><br><br>
    d2 包含 d3
      <div id = "d3">
      <b>d3</b><br><br>
      d3 是 d2 的子层
      </div>
  </div>
</body>
</html>
```

在上面的 HTML 代码中,定义了 3 个按钮,并为 3 个按钮添加了不同的事件处理函数。下面定义了 3 个 DIV 层,分别是 d1、d2 和 d3,其中 d3 是 d2 的子层。在<style>标记中,定义了 d1、d2、d3 三个层的样式。在 JavaScript 代码中,window.onload=function()表示页面加载时要执行这个函数,函数内使用

"getElementById"获取不同的 DIV 对象。在 divMoveTo 函数和 divMoveBy
函数内重新定义了坐标位置。

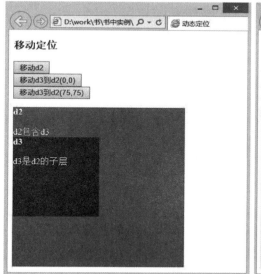

（a）动态定位之前　　　　　　　　　　（b）动态定位之后

图 2-15　动态定位网页元素

在 IE 中浏览效果如图 2－15 所示,页面显示了 3 个按钮,每个按钮执行不
同的定位操作。下面显示了 3 个层,其中 d2 层包含 d3 层。依次单击图 2－15
(a)中的 3 个按钮后,显示效果如图 2－15(b)所示。

2.4.4　动态显示与隐藏网页元素

【例 2.15】

```
<!DOCTYPE html>
<html>
  <head>
    <meta http-equiv = "Content-Type" content = "text/html; charset =
utf-8" />
    <title>显示与隐藏</title>
    <style type = "text/css">
    .div{ height:50px;width:150px;display:none;}
    a {width:100px; display:block}
    </style>
    <script>
```

```
function toggle(targetid){
    target = document.getElementById(targetid);
    if (target.style.display = = "block"){
        target.style.display = "none";
    } else {
        target.style.display = "block";
    }
}
</script>
</head>
<body>
  <a href = " # " onClick = "toggle('div1')">显示/隐藏</a>
  <div id = "div1" class = "div">
      <img src = 11. jpg
      <p>市场价:399 元</p>
      <p>购买价:150 元</p>
  </div>
</body>
</html>
```

在 HTML 代码中,创建了一个超级链接和一个 DIV 层,DIV 层中包含了图片和段落信息,在类选择器中定义了高度和宽度,并使用 display 属性设定层不显示。JavaScript 代码设置 display 属性,若 display 属性为 block 时,则设置为 none;若值为 none,则设置为 block。

（a）初始状态　　　　　　　（b）单击超级链接后状态

图 2-16　动态显示与隐藏

页面浏览初始状态如图 2 - 16(a)所示,单击【显示/隐藏】超级链接后,会显示图片和段落信息,如图 2 - 16(b)所示。

2.5　JavaScript 框架——jQuery

JavaScript 框架或库是一组 JavaScript 编写的工具和函数。jQuery 是一款优秀的 JavaScript 框架,可以用简单的代码轻松地实现各种功能,它的宗旨就是让开发者写更少的代码,做更多的事情(Write less, do more)。

jQuery 支持 HTML 元素选取和操作、CSS 操作、JS 特效与动画、DOM 处理、AJAX 等操作。更为重要的是,jQuery 是跨浏览器的,它支持的浏览器包括 IE 6.0＋、FF 1.5＋、Safari 2.0＋、Opera 9.0＋等。

2.5.1　jQuery 初步

引用 jQuery 最方便的方法是下载并引入 jQuery 的压缩版本。压缩文件通常比较小,只有几十 KB,目前的最新版本是 jQuery-1.12.1.min.js。在网页中引入 jQuery 的代码,如下所示:

```
<script type = 'text/javascript' src = 'jquery-1.12.1.min.js'></
script>
```

在写 jQuery 代码之前,jQuery 要读取和处理 HTML 文档的 DOM,也就是说在 DOM 对象载入之后才能开始执行事件,因此可以用.ready()方法作为处理 HTML 文档的开始,如下所示:

```
jQuery(document).ready(function(){
    …//载入 DOM 之后,执行程序代码
    });
```

上面的代码中,jQuery 程序代码由"jQuery"开始,也可以用" $ "代替,如下所示:

```
$ (document).ready(function(){
    …//载入 DOM 之后,执行程序代码
    });
```

$ (document)表示选择整个文档对象,接着是想要 jQuery 执行什么方法或者处理什么事件,例如 ready()方法等。ready()方法括号内是事件处理函数的代码。多数情况下,我们会把事件处理函数定义为匿名函数,也就是上述程序代码中的 function(){}。

由于 document 对象的 ready 方法很常用，jQuery 提供了更简洁的写法便于我们使用，如下所示：

```
$ (function(){
   …//载入 DOM 之后,执行程序代码
   });
```

2.5.2　jQuery 基本语法

jQuery 的基本设计和主要用法，就是"选择某个网页元素，然后对其进行某种操作"，只要选择作用的 DOM 组件及执行什么样的操作即可，代码如下：

```
$ (选择器).操作()
```

$ 号是 jQuery 类的一个别称，因此 $ ()构造了一个新的 jQuery 对象；"$ ()"括号内的参数是选择器，指定想要选用哪一个对象；".操作()"绑定一个操作到指定的对象。

例如，下面的代码实现：当单击任何一个超链接时都显示一个"Hello world"信息提示。

```
$ ("a").click(function() {
   alert("Hello world");
   });
```

上面的代码中，$ ("a")选择所有的 a 标签（即＜a＞＜/a＞）；函数 click()是这个 jQuery 对象的一个方法，它绑定了一个单击事件到所有的 a 标签，并在事件触发时执行它所提供的 alert 方法。

执行相似功能，可以在每一个超链接定义的时候使用下面的代码。

```
＜a href = "＃" onclick = "alert('Hello world')"＞Link＜/a＞
```

很明显使用 jQuery，不需要在每个 a 标签上写 onclick 事件，因而拥有了一个整洁的结构文档（HTML）和一个行为文档（JS），达到了将结构与行为分开的目的，就如同 CSS 一样。

2.5.3　jQuery 选择器

jQuery 选择器用来选择 DOM 元素组或单个 DOM 元素。

jQuery 使用元素选择器和滤镜选择器，通过标签名、属性名或内容选择 DOM 元素。

1）元素选择器

jQuery 经常使用 CSS 选择器来选取 DOM 元素。常见的元素选择器如

表 2-12所示。

表 2-12　元素选择器

选择器	实例	选取
*	$("*")	所有元素
♯id	$("♯lastname")	id="lastname" 的元素
.class	$(".intro")	所有 class="intro" 的元素
element	$("p")	所有 <p> 元素
♯id.class	$("♯intro.demo")	所有 id="intro" 且 class="demo" 的元素
s1,s2,s3	$("th,td,.intro")	匹配所有 th 元素或所有 td 元素或所有 class="intro"的元素

2）滤镜选择器

如果选中多个元素,jQuery 还提供了滤镜过滤器,用于缩小结果集。滤镜选择器分为属性滤镜、基本滤镜和表单滤镜。

• 属性滤镜

jQuery 使用 XPath 表达式来选择带有给定属性的元素,如表 2-13 所示。

表 2-13　属性滤镜

选择器	实例	选取
［attribute］	$("［href］")	所有带有 href 属性的元素
［attribute＝value］	$("［href='♯']")	所有 href 属性的值等于 "♯" 的元素
［attribute!＝value］	$("［href!='♯']")	所有 href 属性的值不等于 "♯" 的元素
［attribute^＝value］	$("［href^='link']")	所有 href 属性的值以'link'开始的元素
［attribute$＝value］	$("［href$='.jpg']")	所有 href 属性的值以'.jpg'结尾的元素
［attribute*＝value］	$("［href*='jpg']")	所有 href 属性的值包含'jpg'的元素

• 基本滤镜

除了属性滤镜之外,还可以使用基本滤镜,对选定的 DOM 元素组进一步定位,如表 2-14 所示。

表 2-14　基本滤镜

选择器	实例	选取
:first	$("p:first")	第一个 <p> 元素

（续表）

选择器	实例	选取
:last	$("p:last")	最后一个 <p> 元素
:even	$("tr:even")	所有偶数 <tr> 元素
:odd	$("tr:odd")	所有奇数 <tr> 元素
:eq(index)	$("ul li:eq(3)")	列表中的第四个元素(index 从 0 开始)
:gt(no)	$("ul li:gt(3)")	列出 index 大于 3 的元素
:lt(no)	$("ul li:lt(3)")	列出 index 小于 3 的元素
:not(selector)	$("input:not(:empty)")	所有不为空的 input 元素
:header	$(":header")	所有标题元素 <h1> ~ <h6>
:animated	$(":animated")	所有动画元素
:contains(text)	$(":contains('aaa')")	包含指定字符串的所有元素
:empty	$(":empty")	无子(元素)节点的所有元素
:hidden	$("p:hidden")	所有隐藏的 <p> 元素
:visible	$("table:visible")	所有可见的表格

- 表单滤镜

jQuery 还可以使用表单滤镜选择表单中的 DOM 元素组或单个 DOM 元素,如表 2-15 所示。

表 2-15 表单滤镜

选择器	实例	选取
:input	$(":input")	所有 <input> 元素
:text	$(":text")	所有 type＝"text" 的 <input> 元素
:password	$(":password")	所有 type＝"password" 的 <input> 元素
:radio	$(":radio")	所有 type＝"radio" 的 <input> 元素
:checkbox	$(":checkbox")	所有 type＝"checkbox" 的 <input> 元素
:submit	$(":submit")	所有 type＝"submit" 的 <input> 元素
:reset	$(":reset")	所有 type＝"reset" 的 <input> 元素
:button	$(":button")	所有 type＝"button" 的 <input> 元素
:image	$(":image")	所有 type＝"image" 的 <input> 元素
:file	$(":file")	所有 type＝"file" 的 <input> 元素

（续表）

选择器	实例	选取
:enabled	$(":enabled")	所有可用的表单元素
:disabled	$(":disabled")	所有禁用的表单元素
:selected	$(":selected")	所有被选取的表单元素
:checked	$(":checked")	所有被选中的表单元素

2.5.4 jQuery 常用操作

1）事件处理

（1）ready(fn)：在 DOM 载入就绪、能够读取并操纵时，立即调用绑定的函数。

```
$(document).ready(function(){
    // 绑定的函数
    });
```

ready()方法可以极大地提高 Web 应用程序的响应速度。通过使用这个方法，可以在 DOM 载入就绪、能够读取并操纵时，立即调用绑定的函数，而 99.99%的 JavaScript 函数都需要在这一时刻执行。

（2）bind(type,[data],fn)：为指定元素的特定事件绑定事件处理函数。

```
$("p").bind("click", function(){
    alert( $(this).text() );
    });
```

上面的代码为 p 元素的 click 事件绑定了一个事件处理函数，从而实现了当单击段落 p 的时候，可以显示段落 p 的文本信息。

jQuery 还可以使用更简单的方法，根据不同的事件运行相应的函数，如下所示：

（1）change()：表单元素的值发生变化。

（2）click()：鼠标单击。

（3）dblclick()：鼠标双击。

（4）focus()：表单元素获得焦点。

（5）blur()：表单元素失去焦点。

（6）hover()：鼠标经过。

例如实现上面的单击段落 p，显示段落 p 的文本信息，也可以用下面的代码实现。

```
$("p").click( function(){
  alert( $(this).text() );
});
```

2）元素值的获取与设置

操作网页元素，最常见的是获取元素的值，或者对元素进行赋值。jQuery使用同一个函数，来完成取值和赋值。到底是取值还是赋值，由函数的参数决定。例如'.HTML()'是获取或设置元素的 html 内容，如果没有参数，表示获取元素值；如果有参数值，表示对元素进行赋值。例如有如下的 HTML 代码：

```
<div><p>Hello</p></div>
```

则下面的 jQuery 代码：

```
$("div").html();
```

运行结果是：<p>Hello</p>。

而下面的的 jQuery 代码有参数 Hello，表示对 h1 进行赋值。

```
$('h1').html('Hello');
```

常见的取值和赋值函数如下：

（1）html() 取出或设置 HTML 内容。

（2）text() 取出或设置 text 内容。

（3）attr() 取出或设置某个属性的值。

（4）val() 取出或设置某个表单元素的值。

3）元素的添加

如果要移动某元素，有两种方法：一种是直接移动该元素；另一种是移动其他元素，使得目标元素移动到我们想要的位置。

假定我们选中了一个 DIV 元素，需要把它移动到 p 元素后面。

第一种方法是使用.insertAfter()，把 DIV 元素移动到 p 元素后面：

```
$('div').insertAfter('p');
```

第二种方法是使用.after()，把 p 元素加到 DIV 元素前面：

```
$('p').after('div');
```

从实现效果来看，这两种方法是一样的。但是实际上，它们有一个重大差别，那就是返回的元素不一样。第一种方法返回 DIV 元素，第二种方法返回 p 元素。因此可以根据需要，选择使用其中一种方法。

类似的操作方法有四对：

（1）insertAfter（）和.after（）：在现存元素的外部，从后面插入元素。

（2）insertBefore（）和.before（）：在现存元素的外部，从前面插入元素。

（3）appendTo（）和.append（）：在现存元素的内部，从后面插入元素。

（4）prependTo（）和.prepend（）：在现存元素的内部，从前面插入元素。

4）元素的删除

如需删除元素和内容，一般可使用以下两个 jQuery 方法：

（1）remove（）：删除被选元素（及其子元素）。

（2）empty（）：删除子元素，但是不删除该元素。

例如有如下的 HTML 代码：

```
<p>Hello, <span>Person</span> <a href = " # ">and person</a></p>
```

则 jQuery 代码：

```
$ ("p").empty();
```

运行结果是：<p></p>。

5）其他方法

（1）css（name，value）：为指定的元素添加样式。

【例 2.16】

```
<!DOCTYPE html>
<html>
  <head>
    <title>css 方法</title>
    <meta http-equiv = 'Content-Type' content = 'text/html; charset = utf-8' />
    <script type = 'text/javascript' src = 'jquery-1.12.1.min.js'></script>
    <script type = "text/javascript">
      $ (document).ready(function(){
        $ ("li").eq(2).css("background-color","red");
      });
    </script>
  </head>
  <body
```

```
        <ul>
        <li>跑步</li>
        <li>游泳</li>
        <li>篮球</li>
        <li>棒球</li>
        <li>台球</li>
        </ul>
    </body>
</html>
```

上面的 jQuery 语句是将第 3 个<li>组件的背景颜色改为红色。预览效果如图 2-17 所示。

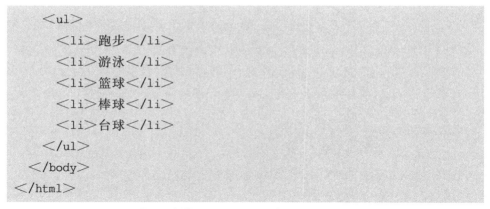

图 2-17　为〈li〉组件添加样式

(2) slide(),hide(),fadeIn(), fadeout(), slideUp() ,slideDown():为指定的元素实现动态效果。

```
$("#hide").click(function(){    $("p").hide();      });
```

```
$("#show").click(function(){    $("p").show();    });
```

上面的代码使用 hide() 和 show() 方法来隐藏和显示 p 元素。

fadeIn()、fadeout()可以实现指定元素的淡入淡出效果,可选参数"slow""fast"或毫秒规定了淡入淡出效果的时长。

【例 2.17】

```
<html>
<head>
<meta http-equiv = "content-type" content = "text/html;charset = utf-8" />
```

```
<title>fadeIn()</title>
<script type = 'text/javascript' src = 'jquery-1. 12. 1. min. js' ></
script>
<script type = "text/javascript">
  $ (document). ready(function(){
  $ ("button").click(function(){
  $ ("#div1").fadeIn();
  $ ("#div2").fadeIn("slow");
  $ ("#div3").fadeIn(3000);
  });
});
</script>
<style type = "text/css">
#div1{ width:80px;height:80px;display:none;background-color:red;}
# div2 { width: 80px; height: 80px; display: none; background-color:
green;}
#div3{ width:80px;height:80px;display:none;background-color:blue;}
</style>
</head>
<body>
<p>演示带有不同参数的 fadeIn() 方法.</p>
<button>点击这里,使三个矩形淡入</button>
<br><br>
<div id = "div1" ></div>
<br>
<div id = "div2"></div>
<br>
<div id = "div3"></div>
</body>
</html>
```

　　本例演示带有不同参数的 fadeIn()方法,实现了 3 个 DIV 依次淡入效果,如图 2-18 所示。

图 2-18　三个矩形淡入效果

slideUp()、slideDown()可以在指定元素上创建滑动效果,例如 slideDown()方法用于向下滑动元素,如下所示:

```
$ (selector).slideDown(speed,callback);
```

speed 参数可选,规定效果的时长,可以取值:"slow""fast"或毫秒;callback 参数可选,表示滑动完成后所执行的函数名称。

（3）each(obj,callback):遍历数组。

除了对选中的元素进行操作以外,jQuery 还提供一些工具方法,不必选中元素,就可以直接使用,如 each()方法。

【例 2.18】

```
<!DOCTYPE html>
<html>
<head>
<title>each 方法</title>
<meta http-equiv = 'Content-Type' content = 'text/html; charset = utf-8
' />
<script type = 'text/javascript' src = 'jquery-1.12.1.min.js' ></
script>
<script type = "text/javascript">
$ (document).ready(function(){
```

```
  $("button").click(function(){
    $("li").each(function(){
      alert( $(this).text())
    });
  });
});
</script>
</head>
<body>
<button>输出每个列表项的值</button>
<ul>
<li>Coffee</li>
<li>Milk</li>
<li>Soda</li>
</ul>
</body>
</html>
```

　　在上面的代码中，绑定了按钮的单击事件，当单击按钮时，使用 each()方法遍历列表，依次弹出 Coffee、Milk、Soda 消息框，如图 2-19 所示。

图 2-19　弹出【Coffee】对应对话框

2.6　综合示例——jQuery 实现菜单展开与收缩效果

　　本例将结合本章学习的知识，应用 jQuery 实现 h3 标题的展开和收缩效果。

具体步骤如下：

第一步：分析需求。

应用 jQuery 实现类似菜单的效果。该例实现后，效果如图 2 - 20 所示，当单击 h3 标题时，展开子菜单，再次单击 h3 标题时，子菜单收缩。最终效果如图 2-20。

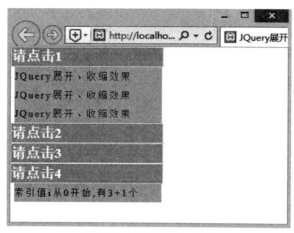

图 2-20　菜单展开与收缩

第二步：创建 HTML 网页，实现基本的菜单效果。

```
<!DOCTYPE html>
<html>
<head>
  <title>jQuery 展开、收缩效果</title>
  <meta http-equiv = 'Content-Type' content = 'text/html; charset = utf-8
' />
</head>
  <body>
    <h3 class = 'class0'>请点击 1</h3>
      <div id = 'one0'>
        <ul>
        <li><a href = 'http://www.baidu.com'>jQuery 展开、收缩效
果</a></li>
        <li><a href = 'http://www.baidu.com'>jQuery 展开、收缩效
果</a></li>
```

```
        <li><a href = 'http://www.baidu.com'>jQuery 展开、收缩效
果</a></li>
        </ul>
    </div>
    <h3 class = 'class1'>请点击 2</h3>
    <div id = 'one1'>
      <ul>
        <li><a href = 'http://www.baidu.com'>jQuery 展开、收缩效
果</a></li>
        <li><a href = 'http://www.baidu.com'>jQuery 展开、收缩效
果</a></li>
        <li><a href = 'http://www.baidu.com'>jQuery 展开、收缩效
果</a></li>
      </ul>
    </div>
    <h3 class = 'class2'>请点击 3</h3>
    <div id = 'one2'>
      <ul>
        <li><a href = 'http://www.baidu.com'>jQuery 展开、收缩效
果</a></li>
        <li><a href = 'http://www.baidu.com'>jQuery 展开、收缩效
果</a></li>
        <li><a href = 'http://www.baidu.com'>jQuery 展开、收缩效
果</a></li>
      </ul>
    </div>
    <h3 class = 'class3'>请点击 4</h3>
    <div id = 'one3'>
      <ul>
        <li><a href = 'http://www.baidu.com'>jQuery 展开、收缩效
果</a></li>
        <li><a href = 'http://www.baidu.com'>jQuery 展开、收缩效
果</a></li>
```

```
    <li><a href = 'http://www.baidu.com'>jQuery 展开、收缩效
果</a></li>
        </ul>
    </div>
    <div id = 'hint'></div>
  </body>
</html>
```

在上面的代码中,使用<h3>标题显示菜单项,子菜单 DIV 层由具有 3 个子项的列表<ul>实现。浏览效果如图 2-21 所示。

第三步:添加 CSS 代码,修饰菜单与子菜单。

```
<style type = 'text/css'>
  * {margin:0;padding:0;}
  a{text-decoration: none}
  h3{ height: 25px;
      line-height: 25px;
      border:1px solid bisque;
      background: yellowgreen;
      width:200px;
      color: #fff;
      cursor: pointer}
  div{display: none;
      background: #ccc;
      color: #fff;
      font-size: 13px;
      line-height: 25px;
      letter-spacing: 2px;
      width:195px;
      margin-left: 5px;}
  a:hover{ display: block;
      background: #ff9900;
      height:25px;
      line-height: 25px;}
  #hint{display: block;
      color: #333}
</style>
```

在上面的代码中,定义了＜h3＞标题的背景色、前景色、边框以及宽度、高度,子菜单 DIV 层为隐藏方式,浏览效果如图 2-22 所示。

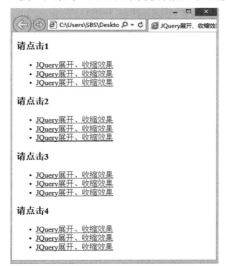
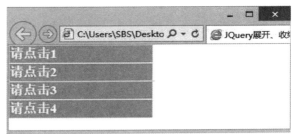

图 2-21　＜h3＞菜单项和＜div＞子菜单　　　图 2-22　CSS 设定＜h3＞和＜div＞样式

第四步:添加 jQuery 代码,实现菜单展开与收缩效果。

```
<script type = 'text/javascript' src = 'jQuery-1. 12. 1. min. js' ></
script>
<script type = 'text/javascript'>
  $ (function(){
    $ ('h3'). each(function(i){
      $ ('. class'+ i). bind('click',function(){
        var txt = $ ('#one'+ i);
        if(txt. is(':visible')){
          $ ('#one'+ i). hide();
        }else{
          $ ('#one'+ i). show();
        }
      })
      $ ('#hint'). html('索引值 i 从 0 开始,有'+ i +'+ 1 个');
    })
  })
</script>
```

上述代码中,对<h3>标题的单击事件绑定了一个函数,判断子菜单 DIV 是否可见,如果可见则隐藏子菜单 DIV,否则展开子菜单。

运行程序,当单击图中任一个绿色<h3>,可以实现展开与收缩子菜单的效果。

习题

一、选择题

1. _____ 是在客户端最为通用的网页脚本语言。

    A. JavaScript   B. VB   C. Perl   D. ASP

2. 当鼠标移动到文字链接上时显示一个隐藏层,这个动作的触发事件应该是_____。

    A. onClick   B. onDblClick

    C. onMouseOver   D. onMouseOut

3. 下面几项通过 JavaScript 的应用,可以来实现的是_____。

    A. 交互式导航   B. 简单的数据搜寻

    C. 表单验证   D. 网页特效

4. 在 JavaScript 中,文本域(textfield)支持的事件包括_____。

    A. omLostFocus   B. onSelected

    C. onFocus   D. onChange

5. 在 DOM 对象模型中,直接父对象为根对象 window 的对象中不包括_____。

    A. history   B. document   C. location   D. form

6. HTML 文档的树状结构中,_____ 标签为文档的根节点,位于结构中的最顶层。

    A. <HTML>   B. <HEAD>   C. <BODY>   D. <TITLE>

7. 假设今天是 2006 年 4 月 1 日星期六,请问下列 JavaScript 代码在页面上输出的结构是_____。

    var time＝new Date();

    document.write(time.getDate());

    A. 2006   B. 4   C. 1   D. 6

8. 分析下面创建按钮控件的 HTML 代码,当单击此按钮后产生的结果是_____。

    <INPUT TYPE＝"button" VALUE＝"ok"   onClick＝"this. style.

background＝"red""＞

　　A. 按钮中的文字显示红色　　　　　　B. 页面中的文字显示红色

　　C. 页面中的背景色显示红色　　　　　D. 按钮的背景色显示红色

9. 在下列选项中,_____段 HTML 代码所表示的"返回"的链接能够正确实现 IE 工具栏中"后退"按钮的功能。

　　A. ＜A herf＝"javascrpt:history.go(-1)"＞返回＜/A＞

　　B. ＜A herf＝"javascrpt:location.back()"＞返回＜/A＞

　　C. ＜A herf＝"javascrpt:location.go(-1)"＞返回＜/A＞

　　D. ＜A herf＝"javascrpt:history.back"＞返回＜/A＞

10. 在JavaScript 中,关于 document 对象的方法下列说法中正确的是_____。

　　A. getElementById()是通过元素 ID 获得元素对象的方法,其返回值为单个对象。

　　B. getElementByName()是通过元素 name 属性获得元素对象的方法,其返回值为单个对象。

　　C. getElementbyid()是通过元素 ID 获得元素对象的方法,其返回值为单个对象。

　　D. getElementbyname()是通过元素 name 属性获得元素对象的方法,其返回值为对象组。

11. HTML 代码:

　　＜p＞one＜/p＞ ＜div＞＜p＞two＜/p＞＜/div＞ ＜p＞three＜/p＞

　　jQuery 代码 $("div ＞ p")的结果是_____ 。

　　A. ＜p＞two＜/p＞　　　　　　　　B. ＜p＞one＜/p＞

　　C. ＜p＞three＜/p＞　　　　　　　 D. ＜div＞＜p＞two＜/p＞＜/div＞

12. HTML 代码:

　　＜div＞DIV＜/div＞ ＜span＞SPAN＜/span＞ ＜p＞P＜/p＞

　　jQuery 代码 $("＊")的结果是_____ 。

　　A. ＜div＞DIV＜/div＞

　　B. ＜span＞SPAN＜/span＞

　　C. ＜p＞P＜/p＞

　　D. ＜div＞DIV＜/div＞,＜span＞SPAN＜/span＞,＜p＞P＜/p＞

13. HTML 代码:

　　＜div class＝"notMe"＞div class＝"notMe"＜/div＞

　　＜div class＝"myClass"＞div class＝"myClass"＜/div＞

　　＜span class＝"myClass"＞span class＝"myClass"＜/span＞

jQuery 代码 $ (".myClass")的结果是＿＿＿ 。

A. ＜div class＝"notMe"＞div class＝"notMe"＜/div＞

B. ＜div class＝"myClass"＞div class＝"myClass"＜/div＞

C. ＜span class＝"myClass"＞span class＝"myClass"＜/span＞

D. ＜div class＝"myClass"＞div class＝"myClass"＜/div＞

　　＜span class＝"myClass"＞span class＝"myClass"＜/span＞

14. HTML 代码：

＜div＞DIV1＜/div＞ ＜div＞DIV2＜/div＞ ＜span＞SPAN＜/span＞

jQuery 代码 $ ("div")的结果是＿＿＿ 。

A. ＜div＞DIV2＜/div＞

B. ＜div＞DIV1＜/div＞，＜div＞DIV2＜/div＞

C. ＜div＞DIV1＜/div＞

D. ＜div＞DIV1＜/div＞，＜div＞DIV2＜/div＞ ，

　　＜span＞SPAN＜/span＞

15. HTML 代码：

＜div id＝"notMe"＞＜p＞id＝"notMe"＜/p＞＜/div＞

＜div id＝"myDiv"＞id＝"myDiv"＜/div＞

jQuery 代码 $ ("♯myDiv")的结果是＿＿＿ 。

A. ＜div id＝"myDiv"＞id＝"myDiv"＜/div＞

B. ＜p＞id＝"notMe"＜/p＞

C. ＜div id＝"notMe"＞＜p＞id＝"notMe"＜/p＞＜/div＞

D. ＜div id＝"notMe"＞＜p＞id＝"notMe"＜/p＞＜/div＞

　　＜div id＝"myDiv"＞id＝"myDiv"＜/div＞

二、写出满足下列条件的 jQuery 代码

1. 获得页面中所有未使用类样式 cls 的 DIV 元素。

2. 将 DOM 对象 domObj 转换成 jQuery 对象。

3. 获得页面中所有的超链接。

4. 获得页面中所有的超链接以及应用了类样式 cls 的元素。

5. 判断页面中有多少个下拉框 select 元素。

6. 获得页面中所有的 p 标记和 span 标记。

7. 获得页面所有应用了 cls 样式的 DIV 元素。

8. 获取页面中 ID 属性值不为 pid 的所有应用了 cls 类样式的元素。

三、简述题

1. DOM 的全称是什么？DOM 和 HTML 有何关系？

2．应用 jQuery 给 ID 为 submit 的按钮添加单击事件。

3．应用 jQuery 取得 form 表单中内容为空的 DIV 层。

4．应用 jQuery 取得隐藏的输入框。

四、论述题

1．JavaScript 是什么？JavaScript 与 jQuery 是什么关系？

2．使用 DOM 访问指定节点的方法主要有哪几种？

第 3 章

PHP＋MySQL 开发动态网站

由于具有高效易用、开源免费、跨平台等特性，PHP＋MySQL 的组合，正在被越来越多的网站所采用。本章循序渐进地介绍了 PHP＋MySQL 开发动态网站的基础知识，并通过实例讲解 PHP＋MySQL 的开发技能。

3.1　动态网站

3.1.1　动态网页和静态网页

动态网站（Dynamic Website），是指网站内容可以根据不同情况动态变更的网站。在动态网站上，动态网页和静态网页同时存在是很常见的事情。在服务器端运行的程序、网页、组件，属于动态网页，它们会随不同客户和不同时间，返回不同的网页，网页扩展名一般是.asp、.jsp、.php、.aspx 等。运行于客户端的程序、网页、插件、组件，属于静态网页，例如 HTML 页、Flash、JavaScript、VBScript 等，它们是永远不变的。

动态网页一般具有以下特点：

（1）动态网页以数据库技术为基础。也就是说，网页中显示的内容来自后台数据库，数据库里的数据变化了，网页就跟随着变化，因此可以大大降低网站维护的工作量。

（2）动态网页可以实现交互功能，如用户注册、用户登录、在线调查、用户管理、订单管理等。

（3）动态网页实际上并不是独立存在于服务器上的网页文件，只有当用户请求时，服务器才返回一个完整的网页。例如，图 3-1 展示了在家中电脑上查看知乎网站上编号为 22689579 的经验交流问答，要经过四个步骤：① 在浏览器里输入网址 http://www.zhihu.com/question/22689579 后，家中电脑就向知乎服务器发起 HTTP 请求。② 知乎服务器收到 HTTP 请求后，向数据库服务器请求查询编号为 22689579 的经验交流问答。③ 数据库服务器查找到编号为 22689579 的问题后,返回数据。④ 知乎服务器处理数据库服务器返回的问题,生成 HTTP 响应,这时在家中电脑就可以看到编号为 22689579 的经验交流问答。

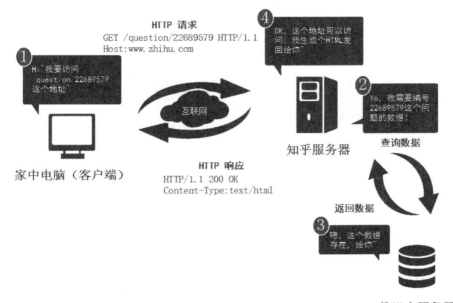

图 3-1　查询知乎网站上编号为 22689579 的问题

静态网页是相对于动态网页而言的,是指没有后台数据库、不可交互的网页。静态网页可以包含文本、图像、声音、Flash 动画、客户端脚本和 ActiveX 控件及 Java 小程序等。尽管静态页面可以使网页动感十足,但是,这种网页不包含在服务器端运行的任何脚本,网页上的每一行代码都是由网页设计人员预先编写好后放置到 Web 服务器上的,在发送到客户端的浏览器上后不再发生任何变化,因此称其为静态网页。静态网页相对更新起来比较麻烦。

3.1.2　动态网站架构

在 B/S(Browser/Server)架构中,通过 Web 浏览器访问动态网站。大型动态网站一般需要配置 Web 服务器、应用服务器、数据库服务器,如图 3-2 所示。

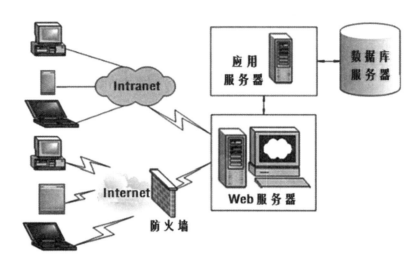

图 3-2　B/S 架构的大型动态网站

1）Web 服务器

Web 服务器的基本功能就是提供 Web 信息浏览服务。因为 Web 服务器主要支持的协议就是 HTTP，也称为 HTTP 服务器。如图 3-3 所示，常见的 Web 服务器有 IIS、Apache 等。

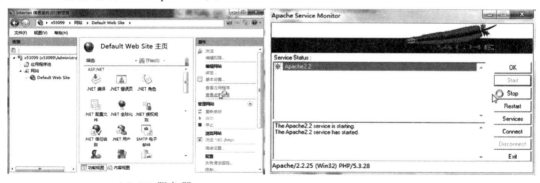

（a）IIS 服务器　　　　　　　　　　　（b）Apache

图 3-3　Web 服务器

IIS 是 Internet Information Services（互联网信息服务）的简称，是由微软公司提供的基于运行 Microsoft windows 的互联网基本服务。由于它功能强大，操作简单，使用方便，所以成为目前较流行的 Web 服务器之一。

Apache 是世界使用量排名第一的 Web 服务器软件，由于其跨平台性和安全性而被广泛使用。和一般的 Web 服务器相比，Apache 的主要特点如下：

（1）跨平台应用。几乎可以在所有的计算机平台上运行。

（2）开源。Apache 服务程序由全世界的众多开发者共同维护，并且任何人都可以自由使用，充分体现了开源软件的精神。

（3）支持 HTTP/1.1 协议。Apache 是最先使用 HTTP/1.1 协议的 Web 服务器之一，它完全兼容 HTTP/1.1 协议，并与 HTTP/1.0 协议向后兼容。Apache 已为新协议所提供的全部内容做好了必要准备。

（4）支持通用网关接口（CGI）。Apache 遵守 CGI/1.1 标准，并且提供了扩充的特征，如定制环境变量和很难在其他 Web 服务器中找到的调试支持功能。

（5）支持常见的网页编程语言。可支持的网页编程语言包括 Perl、PHP、Python 和 Java 等，支持各种常用的 Web 编程语言，使得 Apache 具有更广泛的应用领域。

（6）模块化设计。通过标准的模块实现专有的功能，提高了编程效率。

（7）运行非常稳定，具备效率高、成本低的特点，同时具有良好的安全性。

在 Web 服务器中，Apache 是纯粹的 Web 服务器，经常与应用服务器 Tomcat 配对使用。

2）应用服务器

应用服务器提供特定的商业逻辑供客户端应用程序使用，如邮件应用服务器、FTP 应用服务器等。客户端应用程序使用应用服务器提供的商业逻辑，就像调用对象的一个方法一样。

除此之外，应用服务器还为 Web 应用程序提供一种简单的和可管理的对系统资源的访问机制，提供基础的服务，如 HTTP 协议的实现和数据库连接管理。Servlet 容器仅仅是应用服务器的一部分。除了 Servlet 容器外，应用服务器还可能提供其他的 Java EE（Enterprise Edition）组件，如 EJB 容器、JNDI 服务器以及 JMS 服务器等。

确切地说，Web 服务器专门处理 HTTP 请求（request），而应用服务器提供特定的商业逻辑（business logic）供客户端调用，同时提供事务、安全、数据库连接等服务，从而保证多个用户可以同时使用特定商业逻辑。

常见的应用服务器有 WebLogic、WebSphere、Tomcat。

WebLogic 应用服务器是商业市场上主要的 Java（J2EE）应用服务器软件（application server）之一，是世界上第一个成功商业化的 J2EE 应用服务器，由美国 BEA 公司推出，后被 Oracle 公司并购。WebLogic 服务器全面支持 J2EE 标准，引入了 Java 的动态功能和 Java Enterprise 标准的安全性，完全支持开发、集成、部署和管理大型分布式 Web 应用、网络应用和数据库应用。

WebSphere 应用服务器是 IBM 公司提供的应用服务器,提供强大的 J2EE 功能,以及增强的 Servlet API 和 Servlets 管理工具,集成了 JSP 技术和数据库连接技术。WebSphere 服务器可以协同并扩展 Apache、IIS 等 Web 服务器,WebSphere Performance Pack 作为网络优化管理工具,可以减少网络服务器的拥挤现象,扩大容量,提高 Web 服务器性能。

Tomcat 服务器是一个免费的、开源的应用服务器,内置了 Servlet 容器和 JSP 容器,具有解释执行服务器端代码的能力,属于轻量级应用服务器。Tomcat 服务器占用的系统资源小,扩展性好,支持负载平衡与邮件服务等开发应用系统常用的功能,在中小型系统和并发访问用户不是很多的场合下被普遍使用。

3)数据库服务器

目前普遍使用的数据库服务器,有 Oracle、SQL Server、MySQL。Oracle 就是 ORACLE 公司推出的大型数据库,以高性能著称;SQL Server 是微软的数据库产品,特点是易学易用,交互性好,具有良好的用户界面,用户定位是中型企业;MySQL 是著名的开源数据库系统,应用也十分广泛,尤其是应用在论坛和小型企业网站。MySQL 先是被 SUN 公司收购,后来 SUN 又被 ORACLE 公司收购。

在小型网站中,可以不配置应用服务器。不同的网站,根据具体业务情况,Web 服务器、应用服务器、数据库服务器物理上可以位于同一台机器,也可以位于不同的机器上。

Apache+PHP+MySQL 被软件开发者称为"PHP 黄金组合",本书采用 Apache+PHP+MySQL 开发动态网站。

3.2 构建网站运行环境

采用 Apache+PHP+MySQL 开发动态网站,首先需要构建网站运行环境。

使用 XAMPP 安装 Apache 服务器、MySQL 数据库服务器。在 Dreamweaver 中定义 PHP 站点。

3.2.1 服务器环境配置

构建 PHP 开发环境,需要 Apache 服务器、PHP 服务器端脚本运行环境、MySQL 数据库。虽然可以单独安装这三项,但是使用 XAMPP for windows 一体解决方案要简单得多,读者可以在其官方网站 http://www.apachefriends.org/zh_cn/index.html 上下载安装。本书使用 XAMPP v3.2.1 作为开发环境,它包括 Apache、PHP、MySQL 以及一些常用应用的整合包,安装起来非常方便,如图 3-4 所示。

安装了 MySQL 数据库后,就可以在命令提示符下操作 MySQL 数据库,但是更多的情况是采用 phpMyAdmin 软件操作 MySQL 数据库。

如图 3-4 所示,安装 XAMPP 时可以选择安装 phpMyAdmin 软件。phpMyAdmin 软件是一套使用 PHP 程序语言开发的 MySQL 图形接口,提供了更简易的操作与使用环境,让所有 MySQL 的初学者可以轻松入门,也可以让已经熟悉 SQL 指令的朋友能够得心应手。

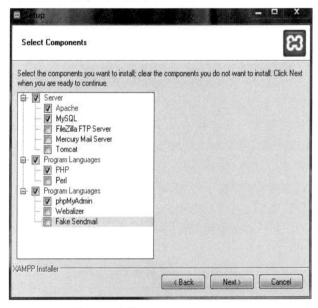

图 3-4　安装 XAMPP for Windows

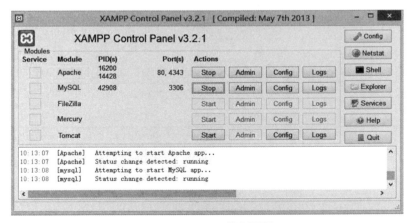

图 3-5　XAMPP 控制面板

安装完 XAMPP 之后,运行 [H] XAMPP Control Panel。单击 Apache 右侧的【Start】按钮,Apache 将会变成绿色底色,表示 Apache 启动成功,同样可以使用相同的操作方法启动 MySQL,如图 3-5 所示,在本书的应用中仅需要这两个服务。

在默认情况下,XMAPP 安装 Apache Web 服务器时,配置监听 80 端口,这是包括 Microsoft Internet Information Services(IIS)在内的大多数 Web 服务器使用的默认端口。一台机器上只能有一个程序监听 80 端口,如果 80 端口已被占用,使用 XAMPP 安装 Apache 服务器时则要修改监听端口。

3.2.2 开发环境配置——定义站点

本书采用 Dreamweaver CS5.5 开发动态网站。在 Dreamweaver 中开发动态网站之前,首先要定义站点,无论是使用 ASP、JSP 还是 PHP 开发动态网站,都要采用相同的步骤定义站点。这样做的好处有如下三方面:

(1)将整个网站视为一个单位来定义,可以方便地管理整个网站的架构、文件的配置与使用的资源,可以很清楚地掌握所有网页之间的关联。

(2)可以定义多个站点,管理不同的网站。

(3)设置测试服务器,以便于在 Dreamweaver 中,通过编辑数据源预览数据库中的数据,也可以运行、测试动态网站。

下面通过一个例子来说明在 Dreamweaver 中定义站点,站点的基本属性如表 3-1 所示。

表 3-1　站点的基本属性

分类名称	属性名称	值
站点	站点名称	MySQL
	本地站点文件夹	D:\xampp\htdocs\MySQL
	HTTP 地址	http://localhost/MySQL
服务器	连接方法	本地/网络
	服务器文件夹	D:\xampp\htdocs\MySQL
	Web URL	http://localhost/MySQL
	服务器模型	PHP MySQL

第一步,准备工作。将 XAMPP 安装在 D:\xampp 目录下,安装选项如图 3-4 所示。安装完成后,在 D:\xampp 目录下有一个 htdocs 目录,该目录是服务器的根目录。在 D:\xampp\htdocs 目录下创建 MySQL 目录,站点的所有文件都放置在该目录下。

第二步,如图 3-6 所示,选择菜单【站点】→【新建站点】,进入站点定义对话框。

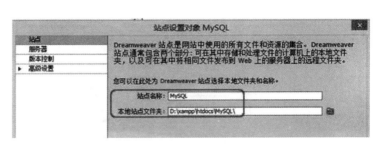

图 3-6　新建站点　　　　图 3-7　设置【站点名称】与【本地站点文件夹】

第三步,在站点定义对话框中,单击左侧列表中的【站点】,在右侧定义【站点名称】为"MySQL"、【本地站点文件夹】为"D:\xampp\htdocs\MySQL",如图 3-7所示。

第四步,在站点定义对话框中,单击左侧列表中的【服务器】,在右侧单击【+】,添加新服务器,如图 3-8 所示。

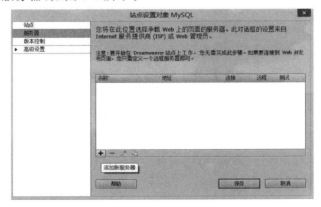

图 3-8　添加服务器

第五步,单击【基本】按钮,设置服务器基本属性。如图 3-9 所示,定义【服务器名称】为"MySQL",【连接方法】为"本地/网络",【服务器文件夹】为"D:\xampp\htdocs\MySQL",【Web URL】为"http://localhost/MySQL"。

图 3-9　设置服务器【基本】属性

第六步,单击【高级】按钮,设置服务器高级属性,设置【服务器模型】为"PHP MySQL",并点击【保存】按钮,如图 3-10 所示。

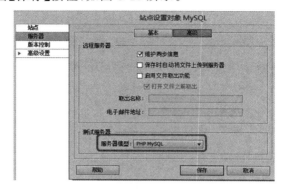

图 3-10　设置服务器【高级】属性

第七步,设置服务器为【测试服务器】。在定义好的【MySQL】服务器右侧,勾选"测试"选项,如图 3-11 所示。

图 3-11　勾选"测试"选项

这样就定义好了一个站点 MySQL。

不同版本的 Dreamweaver,定义站点的方法类似。如采用向导的方式定义站点 MySQL(站点的基本属性见表 3-1),如图 3-12 所示。

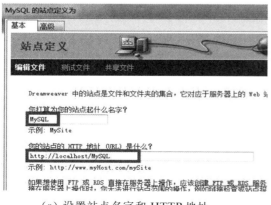

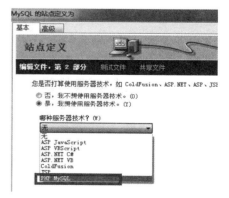

（a）设置站点名字和 HTTP 地址　　　　　　（b）设置服务器模型

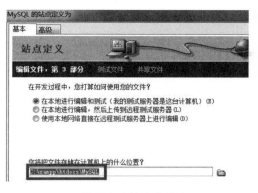 

（c）设置本地站点文件夹　　　　　　（d）设置 Web URL

图 3-12　应用向导定义站点 MySQL

3.3　PHP 基础

PHP 是 PHP：Hypertext Preprocessor 的递归缩写（注意不是"Hypertext Preprocessor"的缩写，这种将名称放到定义中的写法被称作递归缩写），是一种在服务器端执行的、HTML 内嵌式的脚本语言，被广泛地运用于动态网站的制作中。当访问者浏览到包含 PHP 代码的 ＊.php 页面时，客户端首先向服务器发送 HTTP 请求，服务器端接收到请求后对页面中的 PHP 命令进行处理，然后把处理后的结果以 HTML 的形式放入返回的 HTML 页面中，最后将生成的 HTML 页面传送到客户端的浏览器。

PHP 功能强大，能够实现几乎所有的 CGI 功能，并且 PHP 可以比 CGI 或者 Perl 更快速地执行动态网页。用 PHP 编写的动态页面与其他的编程语言相比，PHP 是将程序嵌入 HTML 文档中去执行，执行效率比完全生成 HTML 标记的 CGI 要高许多；PHP 还可以执行编译后的代码，编译可以达到加密效果，优化代码运行，使代码运行更快。

PHP 的特性如下：

（1）源代码完全开放。PHP 是开源的，所有的 PHP 源代码都可以得到。

（2）完全免费。和其他技术相比，PHP 完全免费。

（3）语法结构简单。语法吸收了 C 语言、Java 和 Perl 的特点，利于学习，使用方便，适用于 Web 开发领域。

（4）跨平台性强。由于 PHP 是运行在服务器端的脚本，可以运行在 UNIX、Linux、Windows 等平台。

（5）效率高。PHP 是将程序嵌入 HTML 文档中去执行，执行效率比完全生成 HTML 标记的 CGI 要高许多。

（6）强大的数据库支持。PHP 支持几乎所有流行的数据库。

（7）面向对象支持。PHP4 和 PHP5 在面向对象方面都有了很大的改进，PHP 完全可以用来开发大型商业程序。

3.3.1　PHP 基本语法

1）PHP 标识

大多数情况下，PHP 是以＜? php 和 ? ＞标识符为开始和结束标记的。但是，PHP 代码有不同的表示风格。

• Script 风格

采用＜script＞＜/script＞表示方式。这种表示方法十分类似于 HTML 页面中 JavaScript 的表示方式。例如：

```
＜script language = "php"＞
 echo "欢迎学习 PHP 基本语法知识:Script 风格";
＜/script＞
```

• 短风格

有的时候，读者会看到使用＜? 和 ? ＞标识符表示 PHP 代码的情况。这个就是所谓的"短风格"表示法。

• ASP 标识风格

为了照顾 ASP 编程者对于 PHP 的使用，PHP 还提供了 ASP 的标识风格：＜%和%＞。

但是相对于＜?php　?＞风格来说，Script 风格用得比较少，而短风格、ASP 标识风格更加少见。

2）编程规范

• 语句

每一条 PHP 语句都是以";"结尾，";"就相当于告诉 PHP 执行此语句。

• PHP 语法

PHP 语法与 C 语言、Java 非常类似，本书将不再单独讲解表达式、运算符、流程控制、函数等共性的语法规范，而重点介绍 PHP 特有的规范。

• 注释

为了增强可读性，在很多情况下，程序员都需要在程序语句的后面添加文字注释。而 PHP 要把它们与程序语句区分开，就需要让这些文字注释符合编程规范。

在 PHP 中,有三种注释风格,分别是 C 语言风格、C++风格和 Shell 风格。C 语言风格,以/＊开始,以＊/结束,可以注释一行或多行文字;C++风格以//标识符注释文字,而 Shell 风格以♯标识符注释文字。与 C 语言风格不同,C++风格和 Shell 风格只能注释一行,使用时可以单独一行,也可以使用在 PHP 语句之后的同一行。

3）常量

在 PHP 中,常量是一旦声明就无法改变的值。

• 声明和使用常量

PHP 通过 define 命令来声明常量,格式如下:

```
define("常量名",常量值);
```

常量名是一个字符串,用大写的英文字符表示。常量值可以是多种基本的数据类型,也可以是数组、对象。

【例 3.1】

```
<html>
  <head>
    <title>PHP 语法</title>
  </head>
  <body>
    <?
    define("HUANY","欢迎学习 PHP 基本语法知识:短风格");    //C++语言
风格注释
    echo HUANY;♯ 这是 Shell 风格的注释
/＊
C 语言风格注释
＊/
?>
  <br/>
  <script language = "php">
    echo "欢迎学习 PHP 基本语法知识:Script 风格";
  </script>
  <br/>
  </body>
<html>
```

本例使用了两种 PHP 标识方法和三种注释方法。程序的运行结果如图 3-13所示。

图 3-13 PHP 语法

常量就像变量一样存储数值,但是与变量不同的是,常量的值只能设定一次,并且无论在代码的任何位置,它都不能被改动。常量声明后具有全局性,函数内外都可以访问。

• 内置常量

PHP 的内置常量是指 PHP 在系统内部的预定义常量。PHP 预置了很多内置常量,这些常量可以被随时调用。常见的内置常量如下所示:

(1) __ FILE __ 这个常量是 PHP 程序的文件名。若引用文件(include 或 require),则在引用文件内的该常量为引用文件名,而不是引用它的文件名。

(2) __ LINE __ 这个默认常量是 PHP 程序行数。若引用文件(include 或 require),则在引用文件内的该常量为引用文件的行,而不是引用它的文件行。

(3) PHP_VERSION 这个内建常量是 PHP 程序的版本,如 '3.0.8-dev'。

(4) PHP_OS 这个内建常量指执行 PHP 解析器的操作系统名称,如 'Linux'.

(5) TRUE 这个常量就是真值(true)。

(6) FALSE 这个常量就是伪值(false)。

(7) E_ERROR 这个常量指到最近的错误处。

(8) E_WARNING 这个常量指到最近的警告处。

(9) E_PARSE 这个常量为解析语法有潜在问题处。

(10) E_NOTICE 这个常量为发生不寻常但不一定是错误处。例如存取一个不存在的变量。

4)变量

变量像是一个贴有名字标记的空盒子。不同的变量类型对应不同种类的数据,就像不同种类的东西要放入不同种类的盒子。

- 变量声明

PHP 中的变量不同于 C 或 Java，因为它是弱类型的。在 C 或 Java 中，需要对每一个变量声明类型，但是在 PHP 中不需要这样做，这是极其方便的。

PHP 中的变量一般以"＄"作为前缀，然后以字母 a～z 的大小写或者"_"下划线开头。

合法的变量名可以是：

```
$ hello
$ Aform1
$ _formhandler
```

非法的变量名可以是：

```
$ 168
$ !like
```

- 可变变量与变量的引用

一般的变量表示很容易理解，但是有两个变量表示概念比较容易混淆，这就是可变变量和变量的引用。

可变变量，其实是允许改变一个变量的变量名，允许用一个变量的值作为另外一个变量的名，用"＄＄"表示可变变量。而变量的引用，相当于给变量添加了一个别名，用"&"来引用变量。实质上，变量和变量的引用指的是同一个变量，就像是给同一个盒子贴了 2 个名字标记，2 个名字标记指的都是同一个盒子。

下面通过一个例子来说明。

【例 3.2】

```
<html>
 <head>
  <title>系统变量</title>
 </head>
 <body>
  <?php
  $ value0 = "guest";
  $ $ value0 = "customer";
  echo $ guest."<br />";
  $ guest = "feifei";
  echo $ guest."\\t". $ $ value0."<br />";
```

```
$ value1 = "xiaoming";
$ value2 = & $ value1;
echo $ value1."\\t". $ value2."<br />";
$ value2 = "lili";
echo $ value1."\\t". $ value2;
?>
</body>
<html>
```

本例说明了可变变量和变量的引用。

在上面代码的第一部分,$ value0 被赋值为 guest,则 $ $ value0 相当于 $ guest。所以当 $ $ value0 被赋值为 customer 时,输出 $ guest 时就得到 customer。反之,当 $ guest 被赋值为 feifei 时,输出 $ $ value0 时同样得到 feifei。这就是可变变量,用一个变量的值作为另外一个变量的名。

在代码的第二部分,$ value1 被赋值为 xiaoming,然后通过"&"引用变量 $ value1,并赋值给 $ value2。这一步相当于给变量 $ value1 添加了一个别名 $ value2。所以无论是输出 $ value1,还是输出 $ value2,都会得到 xiaoming。由于 $ value2 是别名,和 $ value1 指的是同一个变量,所以当 $ value2 被赋值为 lili 后,输出 $ value1 和 $ value2,都会得到 lili。

程序的运行结果如图 3-14 所示。

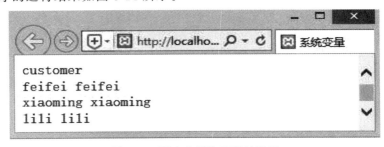

图 3-14　可变变量和变量的引用

• 变量作用域

所谓变量作用域,是指某变量在代码中可以被访问到的位置。在 PHP 中,有 6 种基本的作用域法则:

(1)内置超全局变量(built-in superglobal variables),在代码的任意位置都可以访问到。

(2)常数(constants),一旦声明,它就是全局性的,可以在函数内外使用。

（3）全局变量（global variables），在函数外声明，可以在函数外访问，但是不能在函数内访问。

（4）在函数中使用 global 声明全局变量，可以实现在函数内访问该全局变量。

（5）在函数中创建和声明的静态变量，在函数外是无法访问的。但是这个静态变量的值得以保留。

（6）在函数中创建和声明的局部变量，在函数外是无法访问的，并且在本函数终止时终止退出。

① 超全局变量。超全局变量是由 PHP 预先定义的，在程序的任何位置都可以访问到，不管是函数内还是函数外部都可以访问到。

常见的超全局变量有：

$GLOBALS：存储了所有全局变量的数组$GLOBALS[]，变量的名字就是数组的键。

$_SERVER：存储了服务器环境变量的数组$_SERVER[]。

$_GET：存储了所有通过 GET 方法传递的变量的数组$_GET[]。

$_POST：存储了所有通过 POST 方法传递的变量的数组$_POST[]。

$_FILES：存储了文件上传变量的数组$_FILES[]。

$_COOKIE：存储了所有 cookie 变量的数组$_COOKIE[]。

$_SESSION：存储了所有会话变量的数组$_SESSION[]。

$_REQUEST：存储了所有用户输入变量的数组$_REQUEST[]（包括$_GET、$_POST 和$_COOKIE）。

$_ENV：存储了所有环境变量的数组$_ENV[]。

② 全局变量。全局变量，就是在函数外声明的变量，在函数外可以访问，但是在函数内是不能访问的。这是因为函数默认是不能访问在其外部的全局变量的。

【例 3.3】

```
<html>
<head>
  <title> </title>
</head>
<body>
<?php
  $ room = 20;
  function showrooms(){
    echo $ room;
  }
```

```
  showrooms();
  echo $ room.'间房间.';
?>
</body>
<html>
```

运行结果如图 3-15 所示。

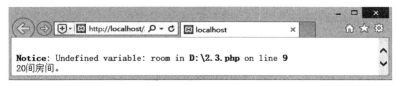

图 3-15　全局变量

由【例 3.3】的运行结果可以知道,在函数内部无法访问到外部的全局变量,但是在函数外部是可以访问全局变量的。

如果想在函数内部访问某个全局变量,可以在函数中使用关键字 global 声明,即告诉函数要调用一个已经存在或即将创建的全局变量,而不是默认的局部变量。

【例 3.4】

```
<html>
<head>
    <title>global 声明</title>
</head>
<body>
<?php
  $ room = 20;
  function showrooms(){
    global $ room;
    echo $ room.'间新房间.<br />';
  }
  showrooms();
  echo $ room.'间房间.';
?>
</body>
<html>
```

本例演示了在函数内部访问全局变量需要使用 global 声明该全局变量,运行结果如图 3-16 所示。

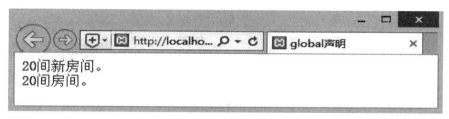

图 3-16　函数内部通过 global 声明全局变量

在函数内部访问某个全局变量,除了可以在函数中使用关键字 global 声明,还可以通过超全局变量 $ GLOBALS[]数组进行访问。

【例 3.5】

```
<html>
<head>
  <title> $ GLOBALS </title>
</head>
<body>
<?php
  $ room = 20;
  function showrooms(){
    $ room = $ GLOBALS['room'];
    echo $ room.'间新房间.<br />';
  }
  showrooms();
  echo $ room.'间房间.';
?>
</body>
<html>
```

本例说明在函数内部访问全局变量,还可以通过 $ GLOBALS[]实现,运行结果如图 3-17 所示。

图 3-17　函数内部通过 $ GLOBALS[]访问全局变量

③ 静态变量。静态变量只是在函数内部存在,函数外部无法访问,但是执行后其值可以被保留,也就是说,这次执行完毕后,这个静态变量的值保留,下一次执行此函数,这个值还可以调用。

【例 3.6】

```html
 <html>
<head>
    <title>静态变量</title>
</head>
<body>
<?php
    $ person = 20;
    function showpeople(){
    static $ person = 5;
    $ person + +;
       echo '再增加一位, 将会有 '.$ person.' 位 static 人员.<br />';
}
    showpeople();
    echo $ person.' 人员.<br />';
    showpeople();
 ?>
    </body>
<html>
```

本例的运行结果如图 3-18 所示。

图 3-18 静态变量

由【例 3.6】的运行结果可以知道,在函数外部无法调用函数内部的 static $ person,它调用的是 $ person = 20。另外,showpeople()被调用了 2 次,在这个过程中,static $ person 的运算值得以保留,并且通过 $ person＋＋进行了累加。

• 变量的类型

PHP 是一种弱类型的语言，对数据类型的要求不严格，也就是说，PHP 中的变量不需要事先声明，可以直接赋值。PHP 的数据类型主要包括以下几种：

（1）整型（integer）：用来存储整数。

（2）浮点型（float）：用来存储实数。

（3）字符串（string）：用来存储字符串。

（4）布尔值（boolean）：用来存储真（TRUE）或假（FALSE）。

（5）数组（array）：用来存储一维数组。

（6）对象（object）：用来存储一个类的实例。

（7）NULL 型：用来标识一个变量为空。在声明一个变量的时候，可以先赋值为 NULL。NULL 型在布尔判断时，永远为 FALSE。空字符串与 NULL 是不同的。

（8）资源类型：当与数据库交互时将用到，它可以是一个打开的文件，可以是一个数据库连接。但是在编程时，基本用不到资料类型。

5）变量的输出

在 PHP 中，echo、print、print_r 与 var_dump 都具有输出功能，但 print（expression）、print_r（expression）、var_dump（expression）是函数，可以有返回值；echo 不是函数，是关键字，只能作为语句的一部分。

对于 PHP 的 8 种数据类型来说：

（1）echo 用于输出数值变量或者是字符串。如果使用 echo 输出数组，仅输出数组的名字；当输出一个对象时，服务器提示＜Catchable fatal error：Object of class Person could not be converted to string＞错误。

（2）print（expression）只能输出数值变量或者是字符串等简单类型变量。

（3）print_r（expression）的作用是输出一个数组，参数 expression 的类型可为数值变量和引用变量。

（4）var_dump（expression）函数的作用是输出一个变量的详细信息，输出结果是＜变量类型（变量长度）变量值＞，参数 expression 可以是各种变量类型。

3.3.2　字符串

字符串在 PHP 程序中经常用到，那么如何格式化字符串、连接/分离字符串、比较字符串等，是初学者经常遇到的问题。

1）标识字符串

在 PHP 中，标识字符串可以使用单引号或双引号。理解单引号与双引号的区别还是很重要的，单引号与双引号标识字符串的不同之处在于：

一是当字符串中含有变量时,双引号会输出变量的值,而单引号则会显示变量名称。

二是输出的转义符不同。

双引号通过"\"转义符输出的特殊字符有:

(1) \n:换行。

(2) \t:TAB。

(3) \\:反斜杠。

(4) \0:ASCII 码的 0。

(5) \$:输出美元符号,而不是作为声明变量的标识符。

(6) \r:回车。

(7) \{octal #}:八进制转义。

(8) \x{hexadecimal #}:十六进制转义。

单引号通过"\"转义符输出的特殊字符只有:

(1) \':转义为单引号本身,而不作为字符串标识符。

(2) \\:输出\。

在输出双引号时使用单引号标识字符串,反之亦然。

```
echo 'She said,"How are you?"';
print "I'm just ducky.";
```

也可以通过转义符达到相同的效果:

```
echo "She said,\"How are you?\" ";
print 'I\'m just ducky.';
```

2) 字符串的连接符"."

字符串的连接符".",可以直接连接 2 个字符串,可以连接 2 个字符串变量,也可以连接字符串和字符串变量。

【例 3.7】

```
<html>
< head > < meta http-equiv = " Content-Type" content = " text/html;
charset = gb2312" /></head>
<body>
<?php
  $ message1 = "我是双引号字符串变量";
  echo "\ $ : $ message1<br />";
```

```
  $ message2 = '我是单引号字符串变量';
  echo 'string\'s programming: $ message2\\<br /><br />';


  $ message3 = $ message1.'<br />'. $ message2;

  echo   $ message3;
?>
</body>
</html>
```

在上面代码的第一部分,使用双引号对字符串进行处理,\ $ 转义成了美元符号, $ message1 的值"我是双引号字符串变量"被输出来。

在代码的第二部分,使用单引号对字符串进行处理。\'转义成了单引号; $ message2 的值在单引号中没有被输出,而是直接输出变量名,\\转义成了反斜杠。

在代码的第三部分,使用连接符"."连接了字符串变量、字符串与字符串变量,并赋值给 $ message3。

本例的运行结果如图 3-19 所示。

图 3-19　字符串标识与连接符

3) 字符串的操作

字符串操作主要包括对字符串的格式化处理、连接拆分字符串、比较字符串、字符串子串的对比与处理等。常见的字符串操作函数如表 3-2 所示。

表 3-2　字符串操作函数

函数	含义
strlen(字符串)	计算字符串长度
str_word_count(字符串)	字符串单词统计
ltrim(字符串)	从左边清除字符串头部的空格

（续表）

函数	含义
rtrim（字符串）	从右边清除字符串尾部的空格
trim（字符串）	从字符串两边同时去除头部和尾部的空格
explode（切分标准，目标字符串）	按照切分标准，将字符串切分成数组
implode（组合标准，数组）	按照组合标准，将数组组合成字符串
substr（目标字符串，起始位置，截取长度）	字符串子串截取
substr_replace（目标字符串，替换字符串，起始位置，替换长度）	字符串子串替换
strstr（目标字符串，需查找字符串） stristr（目标字符串，需查找字符串）	字符串查找。stristr（）的功能同 strstr（），只是不区分大小写

【例 3.8】

```
<html>
< head > < meta http-equiv = " Content-Type" content = " text/html;
charset = gb2312" /></head>
<body>
<?php
  $ input1 = "你好 hello";
  $ length = strlen( $ input1);
  echo "字符串长度为 $ length"."<br />"."<br />";

  $ input2 = "How are you?";
  $ input3 = "有多少个汉字组成?";
  echo str_word_count( $ input2)."<br />";
  echo str_word_count( $ input3)."<br />"."<br />";

  $ input4 = " 这个字符串的空格有待处理. ";
  echo "Output:".ltrim( $ input4)."End <br />";
  echo "Output:".rtrim( $ input4)."End <br />";
  echo "Output:".trim( $ input4)."End <br />";
  $ input5 = " 这个字符串 的 空格有待处理. ";
  echo "Output:".trim( $ input5)."End";
?>
</body>
</html>
```

在代码的第一部分，$input1 是一个字符串变量，strlen($input1)则是调用 strlen()函数计数字符串的长度，每个中文字符占 2 个字符位，每个英文字符占 1 个字符位，字符串中每个空格也算一个字符位，所以字符串长度为 10。

代码的第二部分，使用 str_word_count()函数对字符串的单词进行统计，这个函数只对英文字符起作用，对中文字符不起作用。

代码的第三部分，$input4 为一个两端都有空格的字符串变量，ltrim($input4)从左边去除空格，rtrim($input4)从右边去除空格，trim($input4)从两边同时去除空格。$input5 为一个两端都有空格并且中间也有空格的字符串变量，trim($input5)只去除了两边的空格。

本例的运行结果如图 3-20 所示。

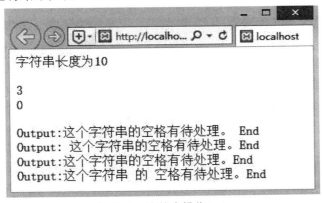

图 3-20　字符串操作（一）

【例 3.9】

```html
<html>
< head > < meta http-equiv = " Content-Type" content = " text/html;
charset = gb2312" /></head>
<body>
<?php
  $input1 = "How_are_you.";
  $input2 = "按 空格 拆分.";
  $a = explode('_', $input1);
  print_r($a);  echo "<br />";
  $b = explode('', $input2);
  print_r($b);  echo "<br />";
  echo implode('>', $a)."<br />";
```

```
echo implode('*', $ b)."<br />"."<br />";

echo substr( $ input1,0,5)."<br />";
echo substr( $ input1,2,-2)."<br />";
 $ input3 = "字符串子串截取";
echo substr( $ input3,0,4)."<br />"."<br />";

echo substr_replace( $ input3," * * * * * * * * * * * *",6,4)."<
br />";
echo substr_replace( $ input3," * ",6,4)."<br />"."<br />";

 $ input4 = "I have a Dream that to find a string with a dream.";
 $ input5 = "我有一个梦想,能够找到理想.";
echo strstr( $ input4,"dream")."<br />";
echo stristr( $ input4,"dream")."<br />";
echo strstr( $ input5,"梦想")."<br />";
?>
</body>
</html>
```

代码的第一部分,explode()按照下划线和空格,把 $ input1 和 $ input2 分别切分成 $ a 和 $ b 这 2 个数组;implode()把 $ a 和 $ b 这 2 个数组的元素分别按照">"和"*"为间隔组合成新的字符串。

代码的第二部分,substr($ input1,2,-2)则是从字符串变量 $ input1 的第 3 个字符(索引为 2)算起,除了最后 2 个字符,其他字符都截取的子字符串。对于 substr($ input3,0,4), $ input3 为中文字符串变量,由于中文字符都是全角字符,都占 2 个字符位,所以输 2 两个汉字。

在 substr_replace($ input3," * ",6,4)中, $ input3 为中文字符串,所以第 4、5 个字符替换为"*"。

字符串查找 strstr()、stristr()都返回从第一个查找到字符串的位置往后所有的字符串内容,不同的是,strstr()区分字符的大小写,而 stristr()不区分大小写。故上面代码中的 strstr($ input4,"dream")与 strstr($ input4,"dream")的返回结果不一样。

本例的运行结果如图 3-21 所示。

图 3-21　字符串操作(二)

3.3.3　PHP 数组

数组在 PHP 中是极为重要的数据类型。本节将介绍数组的类型、数组的构造、遍历数组等。通过本节的学习,可以掌握数组的常用操作方法和技巧。

1) 数组类型与数组构造、遍历

数组中的每一个元素都有一个索引(index),也称为键(key)。通过这个索引,可以访问数组元素。数组的索引可以是数字,也可以是字符串。根据数组索引的类型,可以将数组分为数字索引数组和联合索引数组。

- 数字索引数组

数字索引数组是最常见的数组类型,索引从 0 开始计数。由于 PHP 是弱类型,数组变量可以在使用时才创建。

【例 3.10】

```
<html>
< head > < meta http-equiv = " content-type" content = " text/html;
charset = gb2312" /></head>
<body>
<?php
  $ roomtypes = array( '单床房','标准间','三床房','vip 套房');
  echo $ roomtypes[1]."<br/>";
  for ( $ i = 0; $ i < 4; $ i + + ){
    echo $ roomtypes[ $ i]." (for 循环)<br />";
  }
    foreach ( $ roomtypes as $ room){
```

```
    echo $ room."(foreach 循环)<br />";
    }
    ?>
</body>
</html>
```

在上面的代码中，$ roomtypes 为一维数组，用关键字 array 构造，并用"="赋值给数组变量 $ roomtypes。数组元素值'单床房','标准间','三床房','vip 套房'为字符串型，用单引号表示，每个数组元素值用","分开。

用 echo 命令可以直接输出数组元素值，元素索引默认从 0 开始，因此"echo $ roomtypes[1]"输出第 2 个数组元素值。

遍历数组可以用 for 循环，也可以使用 foreach 循环。使用 foreach 循环时，首先将数组 $ roomtypes 的当前元素值赋值给 $ room 变量，再输出 $ room 变量，直至输出数组中所有数组元素值。

本例的运行结果如图 3-22 所示。

图 3-22 构造与遍历数字索引数组

• 联合索引数组

数组中的索引并非只有默认的数字索引，更为常见的是联合索引数组，也就是数组中的每个数组元素值都有一个特定的键（key）与其对应。

【例 3.11】

```
<html>
< head >< meta http-equiv = " content-type" content = " text/html;
charset = gb2312" /></head>
<body>
```

```php
<?php
  $ prices_per_day = array('单床房'=> 298,'标准间'=> 268,'三床房'=>
198,'vip 套房'=> 368);

  echo $ prices_per_day['标准间']."<br/>"."<br/>";

  foreach ( $ prices_per_day as $ price){
    echo $ price."<br />";
  }
  foreach ( $ prices_per_day as $ key => $ value){
    echo $ key.":". $ value." 每天.<br />";
  }
  reset( $ prices_per_day);
  while ( $ element = each( $ prices_per_day)){
    echo $ element['key']."\\t";
  echo $ element['value'];
  echo "<br />";
  }
  reset( $ prices_per_day);
  while (list( $ type, $ price) = each( $ prices_per_day)){
  echo " $ type - $ price<br />";
  }
?>
</body>
</html>
```

由上面的代码可以知道:

(1) 构造联合索引数组同样用关键字 array,通过"=>"使键和元素值发生关联。

(2)" $ prices_per_day['标准间']"通过指定数组 $ prices_per_day 的键'标准间',便可以得到数组元素值 268。

(3) 其中,foreach ($ prices_per_day as $ price){}遍历了数组元素,输出了 4 个整型数字。而 foreach ($ prices_per_day as $ key => $ value){}除了遍历了数组元素,还遍历了其所对应的键,如标准间是 268 的键。

（4）这段程序使用了 while 循环,还用到了几个新的函数 reset( )、each( )和 list( )。由于前面的代码中, $ prices_per_day 已经被 foreach 循环遍历过,而内存中数组的当前元素是数组的最后一个元素。因此,如果想用 while 循环来遍历数组,就必须用 reset( )函数,把数组的当前元素重置到数组的第一个元素。each( )函数则是用来遍历数组时获取当前元素及其对应的键。list( )函数则是把 each( )中的值分开赋值、输出的函数。

本例的运行结果如图 3-23 所示。

图 3-23　构造与遍历联合索引数组

2）字符串与数组的转换

使用 explode( )和 implode( )函数可以实现字符串和数组之间的转化。explode( )函数用于将字符串按照一定的规则拆分为数组中的元素,并且形成数组。implode( )函数用于将数组中的元素按照一定的连接方式转化为字符串。

【例 3.12】

```
<!doctype html >
<html>
< head > < meta http-equiv = " content-type" content = " text/html;
charset = gb2312" /><h2>字符串与数组之间的转换.</h2></head>
<body>
<?php
```

```
$ prices_per_day = array('单床房'⇒ 298,'标准间'⇒ 268,'三床房'⇒
198,'vip 套房'⇒ 368);
echo implode('元每天/ ', $ prices_per_day).'<br />';

$ roomtypes ='单床房,标准间,三床房,vip 套房';
print_r(explode(',', $ roomtypes));
?>
</body>
</html>
```

在上面的代码中：

（1） $ prices_per_day 为数组。implode('元每天/ ', $ prices_per_day)将在 $ prices_per_day 的数组元素中间添加连接内容"元每天/"，并连接成为一个字符串返回。

（2） $ roomtypes 为一个由逗号分开的字符串。explode(',', $ roomtypes) 以逗号为分隔符，把字符串中的字符分为 4 个数组元素，并且生成数组返回。

本例的运行结果如图 3-24 所示。

图 3-24　字符串与数组的转换

3）调换数组中的键和元素值

使用 array_flip 函数调换数组中的键和元素值。

【例 3.13】

```
<!DOCTYPE html>
<html>
< head > < meta http-equiv = " Content-Type" content = " text/html;
charset = gb2312" /></head>
<body>
<h2>用 array_flip 函数调换数组内键值和元素值.</h2>
<?php
```

```
$ prices_per_day = array('单床房'⇒ 298,'标准间'⇒ 268,'三床房'⇒ 198,'
四床房'⇒ 198,'VIP套房'⇒ 368);
print_r(array_flip ( $ prices_per_day));
?>
</body>
</html>
```

在上面的代码中，$ prices_per_day 是一个拥有重复元素值 198 的数组，并且这 2 个元素的键是不同的。array_flip 函数是逐个调换每个数组元素的键和元素值，198 头一次调换时，对应的元素值是"三床房"；当 198 再次被赋值时，头一次的元素值"三床房"被覆盖，显示的是第二次调换时的元素值"四床房"。本例的运行结果如图 3-25 所示。

图 3-25　调换数组中的键值和元素值

3.3.4　PHP 与 Web 页面

PHP 是一种专门设计用于 Web 开发的服务器端脚本语言。使用 PHP 处理 Web 应用时，需要把 PHP 代码嵌入 HTML 中，每次当这个 HTML 网页被访问的时候，其中嵌入的 PHP 代码就会被执行，并且生成 HTML 返回给浏览器。

1) 表单与 PHP

不管是登录邮箱、用户注册，还是网站购物，经常要填入一些数据，并且要把数据提交到服务器。而完成这个工作的重要元素就是表单（form）。

虽然表单是 HTML 元素，但是 PHP 与 form 的衔接是无缝的。PHP 需要做的是获得和处理 form 中的数据。PHP 处理表单的基本过程是：Web 表单（form）数据提交后，PHP 代码执行，首先检查 URL、表单数据、上传的文件、可用的 cookie、Web 服务器和环境变量等客户端提交的数据与服务器端参数、环境变量，如果有可用信息，就访问 $ _GET、$ _POST、$ _FILES、$ _COOKIE、$ _SERVER、$ _ENV 等超全局变量，获取参数并进行相关业务处理，生成响应 HTML，返回给客户端浏览器，如图 3-26 所示。

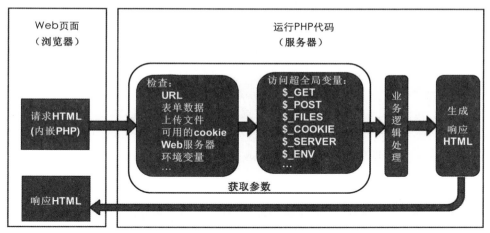

图 3-26　PHP 处理 Web 应用

表单的基本结构，是由＜form＞＜/form＞标识包括的区域，例如：

```
＜！DOCTYPE HTML＞
＜HTML＞
＜HEAD＞＜/HEAD＞
＜BODY＞
  ＜form action ＝" " method ＝" " enctype ＝" "＞
    …
  ＜/form＞
＜/BODY＞
＜/HTML＞
```

其中，action 和 method 是＜form＞标记内必须包含的属性。属性 action 指定数据所要送达的对象文件，即处理该表单数据的文件；属性 method 指定数据传输的方式。在进行上传文件等操作时，还要定义 enctype 属性指定数据类型。

2）表单数据的传递与获取

表单数据传递的方法有 get 和 post 这两种。

•用 get 方式传递数据与 PHP 获取数据

通过 get 方式提交的变量，有大小限制，不能超过 100 个字符。传递的变量名和与之对应的变量值都会以 URL 的方式显示在浏览器的地址栏里。所以，若要传递大而敏感的数据，一般不用 get 方式传递数据。

使用 get 方式传递数据，需要在定义表单时，指定 method 属性为"get"，如下所示。

```
<form action = "uri" method = "get">
     ...
</form>
```

使用 get 方式传递数据,则表单数据传递给超全局变量数组 $ _GET[],其数据以联合索引数组中的数组元素形式存在:以表单元素的 name 属性为键,以表单中输入的数据为元素值。PHP 读取超全局变量数组 $ _GET[]中相应键的元素值来获取传递的数据。

【例 3.14】

第一步:在网站的根目录下,创建文件 getParam.php,输入以下代码并保存。

```
<?php
  $ user = $ _GET['u'];
  if(! $ user)
  {
  echo '参数还没有输入.';
  }else{
    switch ( $ user){
      case 1:
        echo "用户是王小明";
        break;
      case 2:
        echo "用户是李丽丽";
        break;
    }
  }
?>
```

第二步:在浏览器地址栏中输入"http://localhost/getParam.php?u",并按【enter】键确认,运行结果如图 3-27(a)所示。

第三步:在浏览器地址栏中输入"http://localhost/getParam.php?u＝1",并按【enter】键确认,运行结果如图 3-27(b)所示。

第四步:在浏览器地址栏中输入"http://localhost/getParam.php?u＝2",并按【enter】键确认,运行结果如图 3-27(c)所示。

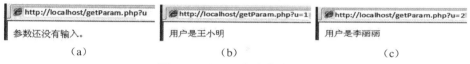

图 3-27　用 get 方式传递数据

由【例 3.14】可以看出,用 get 方式传递数据,在 URL 中,"?"后面为传递的变量名与变量值(u = 变量值),PHP 通过访问键为"u"的超全局变量数组 $\_GET[u]$ 获取数据,根据 switch 条件语句作出判断并返回结果。

· 用 post 方式传递数据与 PHP 获取数据

post 方式是比较常见的表单提交方式。通过 post 方式提交的变量,不受特定的变量大小的限制,并且被传递的变量不会在浏览器地址栏里以 URL 的方式显示出来。

使用 post 方式传递数据,需要在定义表单时,指定 method 属性为"post",如下所示。

```
<form action = "uri" method = "post">
    ...
</form>
```

如果表单使用 post 方式传递数据,表单中数据传递给超全局变量数组 $\_POST[]$,其数据以联合索引数组中的数组元素形式存在:以表单元素的 name 属性为键,以表单中输入的数据为元素值。PHP 读取超全局变量数组 $\_POST[]$ 中相应键的元素值来获取传递的数据。

【例 3.15】

第一步:在网站的根目录下,创建文件 form.html,输入以下代码并保存。在代码中,form 通过 post 方法把 3 个文本框"<input type = "text" …/>"中的文本数据发送给 formhandler.php。

```
<!DOCTYPE html>
<html>
<head><meta http-equiv = "Content-Type" content = "text/html;
charset = gb2312" /></head>
<body>
<h2>在线订房表</h2>
<form action = "formhandler.php" method = "post">
<table>
<tr bgcolor = "#3399FF">
```

```
<td>客人姓名:</td>
<td><input type = "text" name = "customername" size = "10" /></
td>
</tr>
<tr bgcolor = "#CCCCCC" >
  <td>到达时间:</td>
  <td><input type = "text" name = "arrivaltime" size = "3" />天
内</td>
</tr>
<tr bgcolor = "#3399FF" >
  <td>联系电话:</td>
<td><input type = "text" name = "phone" size = "15" /></td>
</tr>
<tr bgcolor = "#666666" >
  <td align = "center"><input type = "submit" value = "确认订房信息"
/></td>
</tr>
</table>
</form>
</body>
</html>
```

第二步:在网站的根目录下,创建文件 formhandler.php,输入以下代码并保存。代码首先读取 3 个变量 $_POST['customername']、$_POST['arrivaltime']、$_POST['phone'],并把它赋值给本地变量 $customername、$arrivaltime、$phone。然后,通过 echo 命令把多个字符串、本地变量通过字符串连接符"."连接起来,生成 HTML 文档后输出给浏览器。

```
<html>
<head><h2>订房表确认信息</h2></head>
<body>
<?php
  $customername = $_POST['customername'];
  $arrivaltime = $_POST['arrivaltime'];
```

```
  $ phone = $ _POST['phone'];
  echo '<p>订房确认信息:</p>';
  echo '客人:'. $ customername.'</br>'
     ."您将在". $ arrivaltime."天内到达</br>"
     ."您的联系电话是:". $ phone;
?>
</body>
</html>
```

第三步:在浏览器地址栏中输入"http://localhost/form.html",并按
【enter】键确认,在页面表单中输入数据。【客户姓名】为"小王",【到达时间】为
"3"天内,【联系电话】为"13800000008",单击【确认订房信息】按钮,如图 3-28(a)
所示。浏览器会自动跳转到 formhandler.php,页面显示如图 3-28(b)所示。

（a）输入表单数据　　　　　　　（b）PHP 输出表单数据

图 3-28　用 post 方式传递数据

3.4　MySQL 数据库

3.4.1　MySQL 概述

MySQL 是一个小型关系数据库管理系统。与 Oracle、DB2、SQL Server 等
大型数据库管理系统相比,MySQL 规模小,功能有限,但是其体积小,速度快,
成本低,并且 MySQL 提供的功能已经足够使用,这些特性使得 MySQL 成为世
界上最受欢迎的开放源代码数据库。

MySQL 的主要优势如下。

（1）速度:运行速度快。

（2）价格:MySQL 对多数个人用户来说是免费的。

（3）容易使用:与其他大型数据库的设置和管理相比,其复杂程度较低,易于

学习。

（4）可移植性：能够工作在众多不同的系统平台上，如 Windows、Linux、UNIX、Mac OS 等。

（5）丰富的接口：提供了用于 C、C++、Eiffel、Java、Perl、PHP、Python、Ruby 和 TCL 的 API。

（6）支持查询语言：MySQL 可以利用标准 SQL 语法编写支持 ODBC（开发式数据库连接）的应用程序。

（7）安全性和连接性：十分灵活和安全的权限和密码系统，允许基于主机的验证。连接到服务器时，所有的密码传输均采用加密形式，从而保证了密码安全。并且由于 MySQL 是网络化的，因此可以在因特网上的任何地方访问，提高了数据共享的效率。

（8）支持多种存储引擎：包括处理事务安全表的引擎和处理非事务安全表的引擎。

3.4.2　数据库存储引擎

数据库存储引擎是数据库底层组件，是解决如何存储数据、如何为存储的数据建立索引和如何更新、查询数据等技术的实现方法。使用不同的存储引擎，会采用不同的存储机制、索引技巧、锁定水平，还可以获得特定的功能。MySQL 的核心就是存储引擎。

在 Oracle 和 SQL Server 等数据库中只有一种存储引擎，采用统一的数据存储管理机制。而 MySQL 数据库提供了多种存储引擎。MySQL 5.5 支持的存储引擎有 InnoDB、MyISAM、Memory、Merge、Archive、Federated、CSV、BLACKHOLE 等。可以使用 SHOW ENGINES 语句查看系统所支持的引擎类型，如图 3-29（a）和图 3-29（b）所示。

Support 列的值表示某种引擎是否能使用：YES 表示可以使用，NO 表示不能使用，DEFAULT 表示该引擎为当前默认存储引擎。由图 3－29 可以知道，InnoDB 是默认的存储引擎。

1）InnoDB

InnoDB 是事务型数据库的首选引擎，支持事务安全表（ACID），支持行锁定和外键。MySQL 5.5.5 以后，InnoDB 作为默认存储引擎，InnoDB 的主要特性有以下几个方面：

（1）InnoDB 提供了行级锁定，具有提交、回滚和崩溃恢复能力的事务安全（ACID）存储引擎。在 SQL 查询中，可以自由地将 InnoDB 类型的表与其他 MySQL 的表的类型混合起来，甚至在同一个查询中也可以混合。

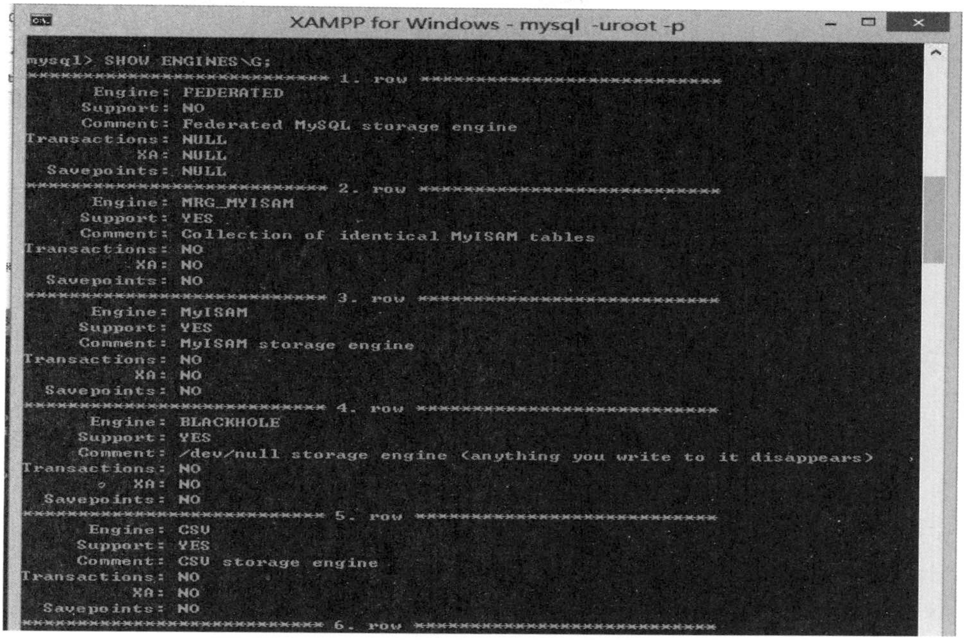

```
XAMPP for Windows - mysql -uroot -p
mysql> SHOW ENGINES\G;
*************************** 1. row ***************************
      Engine: FEDERATED
     Support: NO
     Comment: Federated MySQL storage engine
Transactions: NULL
          XA: NULL
  Savepoints: NULL
*************************** 2. row ***************************
      Engine: MRG_MYISAM
     Support: YES
     Comment: Collection of identical MyISAM tables
Transactions: NO
          XA: NO
  Savepoints: NO
*************************** 3. row ***************************
      Engine: MyISAM
     Support: YES
     Comment: MyISAM storage engine
Transactions: NO
          XA: NO
  Savepoints: NO
*************************** 4. row ***************************
      Engine: BLACKHOLE
     Support: YES
     Comment: /dev/null storage engine (anything you write to it disappears)
Transactions: NO
          XA: NO
  Savepoints: NO
*************************** 5. row ***************************
      Engine: CSV
     Support: YES
     Comment: CSV storage engine
Transactions: NO
          XA: NO
  Savepoints: NO
*************************** 6. row ***************************
```

（a）

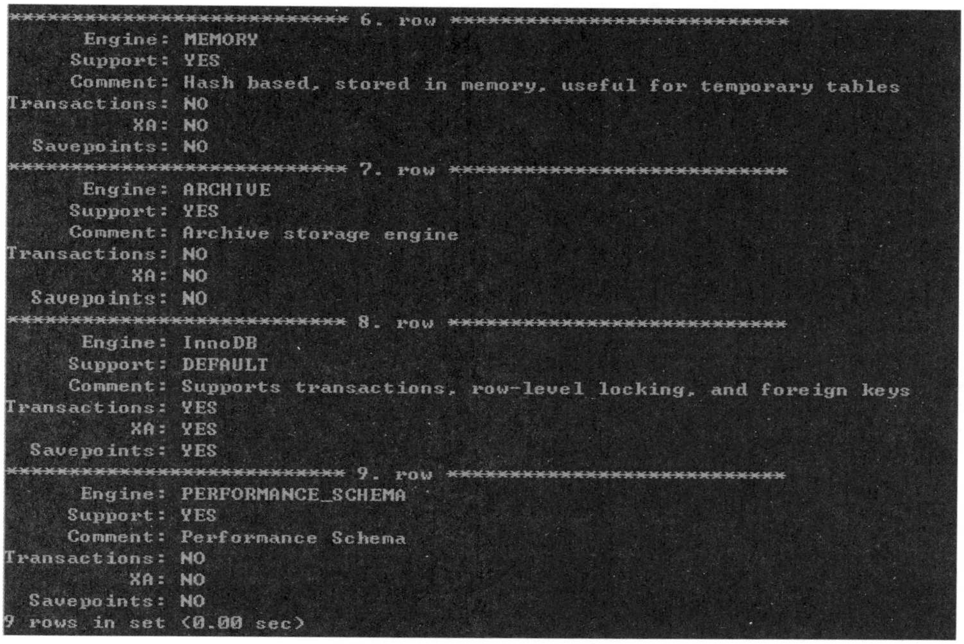

```
*************************** 6. row ***************************
      Engine: MEMORY
     Support: YES
     Comment: Hash based, stored in memory, useful for temporary tables
Transactions: NO
          XA: NO
  Savepoints: NO
*************************** 7. row ***************************
      Engine: ARCHIVE
     Support: YES
     Comment: Archive storage engine
Transactions: NO
          XA: NO
  Savepoints: NO
*************************** 8. row ***************************
      Engine: InnoDB
     Support: DEFAULT
     Comment: Supports transactions, row-level locking, and foreign keys
Transactions: YES
          XA: YES
  Savepoints: YES
*************************** 9. row ***************************
      Engine: PERFORMANCE_SCHEMA
     Support: YES
     Comment: Performance Schema
Transactions: NO
          XA: NO
  Savepoints: NO
9 rows in set (0.00 sec)
```

（b）

图 3-29　数据库支持的存储引擎

（2）InnoDB 是为处理巨大数据量时的最大性能设计。它的 CPU 效率可能是任何其他基于磁盘的关系数据库引擎所不能匹敌的。

（3）InnoDB 存储引擎与 MySQL 服务器完全整合，InnoDB 存储引擎为在主内存中缓存数据和索引而维持它自己的缓冲池。

（4）InnoDB 支持外键完整性约束。

（5）InnoDB 被用在众多需要高性能的大型数据库站点上。

InnoDB 不创建目录，使用 InnoDB 时，MySQL 将在 MySQL 数据目录下创建 1 个名为 ibdata1 的 10MB 大小的自动扩展数据文件，以及 2 个名为 ib_logfile0 和 ib_logfile1 的 5MB 大小的日志文件。

2）MyISAM

MyISAM 基于 ISAM 存储引擎，并对其进行扩展。它是在 Web、数据仓库和其他应用环境下最常用的存储引擎之一。MyISAM 拥有较高的插入、查询速度，但不支持事务。在 MySQL 5.5.5 之前的版本中，MyISAM 是默认存储引擎。MyISAM 的主要特性有如下几个方面：

（1）支持长度达 63 位的大文件。当然此时操作系统也需要支持大文件才行。

（2）当进行删除、更新或插入操作时，动态尺寸的行产生更少的碎片。这需要合并相邻被删除的块，以及若下一个块被删除，就扩展到下一块来自动完成。

（3）每个 MyISAM 表的最大索引数是 64。这可以通过重新编译来改变。每个索引最大的列数是 16 个。

（4）最大的键长度是 1 000 字节。这也可以通过重新编译来改变。

（5）BLOB 和 TEXT 列可以被索引。

（6）NULL 值允许出现在索引的列中。

（7）可以把数据文件和索引文件放在不同的目录中。

（8）VARCHAR 和 CHAR 列可以多达 64KB。

使用 MyISAM 引擎创建数据库，将生成 3 个文件。文件的名字以表的名字开始，扩展名指出文件类型：.frm 文件存储表定义，数据文件的扩展名为.MYD（MYData），索引文件的扩展名是.MYI（MYIndex）。

3）MEMORY

MEMORY 存储引擎将表中的数据存储在内存中，为查询和引用其他表数据提供快速访问。MEMORY 的主要特性有以下几个方面：

（1）MEMORY 表可以多达 32 个索引，每个索引 16 列，以及 500 字节的最大键长度。

（2）MEMORY 存储引擎执行 HASH 和 BTREE 索引。

（3）一个 MEMORY 表中可以有非唯一键。

（4）MEMORY 表使用一个固定的记录长度格式。

（5）MEMORY 不支持 BLOB 和 TEXT 列。

（6）MEMORY 支持 AUTO_INCREMENT 列和对可包含 NULL 值的列的索引。

（7）MEMORY 表内容被存在内存中，内存是 MEMORY 表和服务器在查询处理的空闲中创建的内部表共享。

（8）当不再需要 MEMORY 表的内容时，要释放被 MEMORY 表使用的内存，应该执行 DELETE FROM 或 TRUNCATE TABLE，或者删除整个表（使用 DROP TABLE）。

4）存储引擎的选择

不同存储引擎都有各自的特点，适用于不同的需求，为了做出选择，首先需要考虑每一个存储引擎提供了哪些不同的功能。

表 3-3　存储引擎比较

功能	MyISAM	MEMORY	InnoDB	Archive
存储限制	256TB	RAM	64TB	None
支持事务	No	No	Yes	No
支持全文索引	Yes	No	No	No
支持数据索引	Yes	Yes	Yes	No
支持哈希索引	No	Yes	No	No
支持数据缓存	No	N/A	Yes	No
支持外键	No	No	Yes	No

如果要提供提交、回滚和崩溃恢复能力的事务安全（ACID 兼容）能力，并要求实现并发控制，InnoDB 是个很好的选择。如果数据表主要用来插入和查询记录，则 MyISAM 引擎能提供较高的处理效率；如果只是临时存放数据，数据量不大，并且不需要较高的数据安全性，可以选择将数据保存在内存中的 MEMORY 引擎，MySQL 使用该引擎作为临时表存放查询的中间结果。如果只有 INSERT 和 SELECT 操作，可以选择 Archive 引擎，Archive 存储引擎支持高并发的插入操作，但是本身并不是事务安全的。Archive 存储引擎非常适合存储归档数据，如记录日志信息可以使用 Archive 引擎。

具体使用哪一种引擎要根据需要灵活选择。一个数据库中多个表可以使用不同引擎以满足各种性能和实际需求。使用合适的存储引擎，将会提高整个数据库的性能。

3.4.3 操作 MySQL 数据库系统

本小节首先使用命令行方式操作 MySQL 数据库,再通过 phpMyAdmin 窗口方式查看 MySQL 数据库系统。

1) 登录 MySQL 数据库系统

(1) 启动 XAMPP Control Panel→单击 MySQL 右侧的【Start】按钮,启动 MySQL 数据库服务器。等到 MySQL 变成绿色底色,表示 MySQL 启动成功,此时单击右侧【Shell】按钮,如图 3-30 所示。

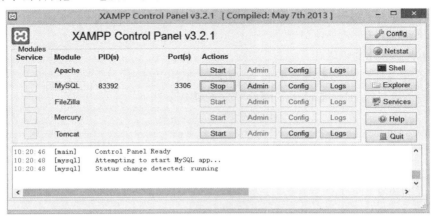

图 3-30　启动 MySQL 命令行窗口

(2) 在弹出的命令行窗口,"♯"提示符后面输入"mysql -uroot -p"后回车→根据提示输入口令→出现"mysql>"提示符,说明已经成功登录 MySQL 数据库系统,如图 3-31 所示。

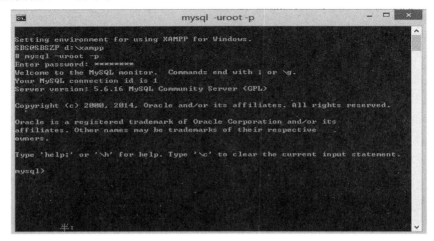

图 3-31　登录 MySQL

2）操作 MySQL 数据库系统

· 操作目标数据库

（1）创建目标数据库，假设数据库的名字为 XXX。命令如下：

```
create database XXX;
```

（2）查看当前 MySQL 数据库系统中所有的数据库，命令如下：

```
show databases;
```

（3）选择 XXX 数据库为当前数据库，命令如下：

```
use  XXX;
```

设置当前数据库为 XXX 后，就可以在 XXX 数据库中进行数据表的操作。

（4）删除数据库 XXX，命令如下：

```
drop database XXX;
```

· 表的操作

在将 XXX 设置为当前数据库之后，就可以在 XXX 数据库中进行表的操作。表的操作主要分为创建表、插入数据、查看数据、查看表结构等。

（1）创建表，假设表的名字为 TTT。命令如下：

```
create  table  TTT(字段名,数据类型,约束条件,
        … …
                字段名,数据类型,约束条件);
```

（2）向表 TTT 中插入数据，命令如下：

```
insert into TTT(字段名列表)
        value(值列表);
```

（3）查看表 TTT 的数据，命令如下：

```
select * from TTT;
```

（4）查看表 TTT 的结构，命令如下：

```
desc  TTT;
```

（5）删除表 TTT，命令如下：

```
drop  table  TTT;
```

3）phpMyAdmin 窗口方式查看目标数据库

phpMyAdmin 是使用 PHP 程序语言开发的 MySQL 图形接口，可以通过 phpMyAdmin 窗口方式查看 MySQL 数据库系统中的目标数据库。

• 准备工作

因为 phpMyAdmin 是使用 PHP 程序语言开发的 MySQL 图形接口，所以首先要启动 Apache。在 XAMPP Control Panel 中，单击 Apache 右侧的【Start】按钮，启动 Apache。等到 Apache 变成绿色底色，表示 Apache 启动成功，如图 3-32 所示。

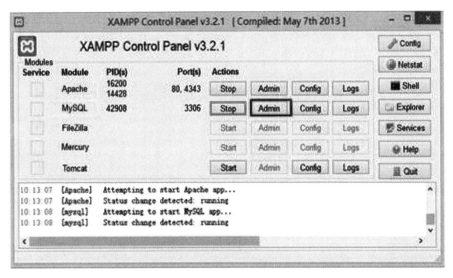

图 3-32　调用 phpMyAdmin 接口

• 打开 MySQL 图形接口

在 XAMPP Control Panel（见图 3-32）中单击 MySQL 右侧【Admin】按钮→在浏览器中弹出"phpMyAdmin"Web 登录页面→输入用户名、口令，点击【执行】按钮→进入 phpMyAdmin 窗口方式，如图 3-33 所示。

在缺省状态下，当在 XAMPP Control Panel 中单击 MySQL 右侧的【Admin】按钮时，将直接进入 phpMyAdmin 窗口方式，此时是以 root 用户身份以完全权限登录 MySQL 服务器，并且 root 用户不具有密码。以不同的用户登录后，由于拥有的权限不同，看到的 MySQL 数据库系统中的数据库数量也不同，如图 3-34 所示。

图 3-33　phpMyAdmin 登录页面

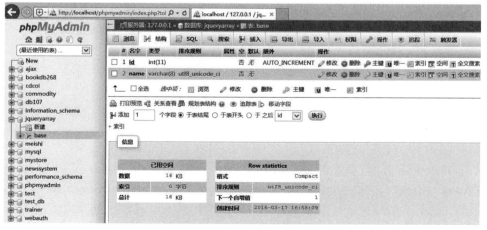

图 3-34　MySQL 图形接口

• 查看目标数据库

在 phpMyAdmin 窗口方式中,可以看到 MySQL 数据库服务器中建立的数据库,当单击某个数据库前端的【+】号时,可以看到该目标数据库拥有的表。在图 3-34 中,可以看到 MySQL 数据库系统中建立了【jqueryarray】数据库,并且【jqueryarray】数据库拥有【base】表。

【例 3.16】

第一步:成功登录 MySQL 数据库命令行窗口。

第二步:创建 ajax 数据库,并选择 ajax 数据库为当前数据库,命令如下:

```
create database ajax;
show databases;
use ajax;
```

第三步:创建表 user,命令如下:

```
CREATE TABLE IF NOT EXISTS 'user' (
  'id' int(11) NOT NULL AUTO_INCREMENT,
  'username' varchar(100) NOT NULL,
  'sex' varchar(6) NOT NULL,
  'tel' varchar(50) NOT NULL,
  'email' varchar(64) NOT NULL,
  PRIMARY KEY ('id')
) ENGINE = MyISAM   DEFAULT CHARSET = utf8 AUTO_INCREMENT = 4;
```

第四步:在表 user 中插入数据,命令如下:

```
INSERT INTO 'user' ('id', 'username', 'sex', 'tel', 'email') VALUES
    (1, '小张', '男', '13700001370', 'abc@126.com'),
    (2, '小李', '女', '13800001380', 'lmn@126.com'),
    (3, '小王', '男', '13900001390', 'xyz@126.com');
```

第五步:打开 MySQL 图形接口。在 phpMyAdmin 窗口方式,单击左侧【ajax】数据库前的【+】,展开【ajax】数据库→单击【user】表,在右侧会显示【user】表中的数据,如图 3-35 所示。

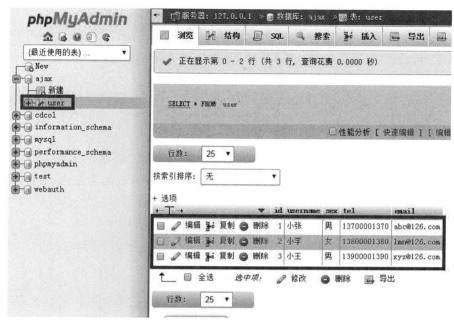

图 3-35　在 phpMyAdmin 中查看【user】表中的数据

3.5　PHP＋MySQL 开发动态网站

MySQL 是高效率、开源的网络数据库系统。PHP 和 MySQL 的结合是目前 Web 开发中的黄金组合。

3.5.1　准备工作

在使用 PHP 操作 MySQL 数据库之前，首先要启动 Apache 服务器和 MySQL，如图 3-36 所示。

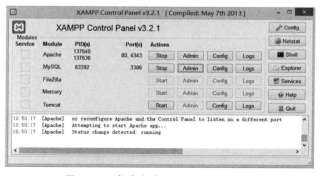

图 3-36　成功启动 Apache 和 MySQL

具体操作步骤如下：

（1）启动 Apache 服务器。在 XAMPP Control Panel 中，单击 Apache 右侧的【Start】按钮，启动 Apache。等到 Apache 变成绿色底色，表示 Apache 启动成功。

（2）启动 MySQL。在 XAMPP Control Panel 中，单击 MySQL 右侧的【Start】按钮，启动 MySQL。等到 MySQL 变成绿色底色，表示 MySQL 启动成功。

3.5.2 PHP 操作 MySQL 数据库的函数

下面介绍 PHP 操作 MySQL 数据库所使用的各个函数的含义和使用方法。

1）使用 mysql_connect()函数连接 MySQL 服务器

使用 mysql_connect()函数连接 MySQL 服务器，格式如下：

```
mysql_connect('MySQL 服务器地址','用户名','口令','要连接的数据库名');
```

例如：

```
$ db = mysql_connect('localhost','root','zp123456','bookdb268');
```

该语句就是通过 mysql_connect()函数连接到 MySQL 数据库，并且把此连接生成的对象传递给名为 $ db 的变量，也就是对象 $ db。其中"MySQL 服务器地址"为'localhost'，"用户名"为'root'，"口令"为'zp123456'，"要连接的数据库名"为'bookdb268'。

2）使用 mysql_select_db()函数选择数据库

连接到数据库服务器以后，就需要选择数据库，只有选择了数据库，才能对数据表进行相关的操作。这里需要使用 mysql_select_db()函数来选择。它的格式为：

```
mysql_select_db(目标数据库名,数据库服务器连接对象);
```

上面 $ db = mysql_connect('localhost','root','zp123456','bookdb268');语句已经通过传递参数'bookdb268'确定了需要操作的数据库。如果不传递此参数，mysql_connect()函数只提供"MySQL 服务器地址""用户名""口令"一样可以连接到 MySQL 数据库服务器并且以相应的用户登录，此时就必须继续选择具体的数据库来进行操作。也就是语句：

```
$ db = mysql_connect('localhost','root','zp123456','bookdb268');
```

可以由以下 2 个语句替代：

```
$ con = mysql_connect('localhost','root','zp123456');     //连接数据库
$ db = mysql_select_db("bookdb268", $ con);    //选择 bookdb268 数据库
```

程序运行效果将完全一样。

3）使用 mysql_query（）函数执行 SQL 语句

使用 mysql_query（）函数执行 SQL 语句，需要向此函数中传递 2 个参数：一个是以字符串表示的 SQL 语句；一个是 MySQL 数据库服务器的连接对象。mysql_query（）函数的格式如下：

```
mysql_query(SQL 语句, 数据库服务器连接对象);
```

例如：

```
$ q = "SELECT * FROM books268";
$ result = mysql_query( $ q, $ con);   //执行 SQL 语句
```

4）使用 mysql_fetch_assoc（）函数从数组结果集中获取信息

使用 mysql_fetch_assoc（）函数从数组结果集中获取信息，只要确定 SQL 请求返回的对象就可以了。例如：

```
$ q = "SELECT * FROM books268";
$ result = mysql_query( $ q, $ con); //执行 SQL 语句
$ row = mysql_fetch_assoc( $ result); //获取联合索引数组的一条记录
echo "bk_id:  ". $ row['bk_id'];
```

上面的代码通过执行 SQL 语句，由 mysql_fetch_assoc（）函数从联合索引数组结果集中获取一条记录 $ row，通过 echo 命令输出该记录的 bk_id 字段，即 $ row['bk_id']。

5）使用 mysql_fetch_object（）函数从结果集中获取一行作为对象

使用 mysql_fetch_object（）函数从结果集中获取一行作为对象，同样是确定 SQL 请求返回的对象就可以了。上面的代码可以修改如下：

```
$ q = "SELECT * FROM books268";
$ result = mysql_query( $ q, $ con);   //执行 SQL 语句
$ row = mysql_ fetch_object ( $ result);
//获取联合索引数组的一条记录
echo "bk_id:  ". $ row→bk_id."<br/>";
```

程序的运行效果将完全一样。不同的是，修改之后的程序采用了对象和对象属性的表示方法。但是最后输出的数据结果是相同的。

6）使用 mysql_num_rows（）函数获取结果集中的记录数

使用 mysql_num_rows（）函数获取查询结果集中包含的数据记录的条数，

只需要给出返回的数据对象就可以了。例如:

```
$ q = "SELECT * FROM books268";
$ result = mysql_query( $ q, $ con);   //执行 SQL 语句
$ rownum = mysql_num_rows( $ result);   //获取结果集中的记录数
```

7）使用 mysql_free_result()函数释放资源

释放资源的函数为 mysql_free_result(),函数的格式为:

```
mysql_free_result (SQL 请求所返回的数据库对象);
```

例如:

```
$ q = "SELECT * FROM books268";
$ result = mysql_query( $ q, $ con);   //执行 SQL 语句
$ rownum = mysql_num_rows( $ result);   //获取结果集中的记录数
mysql_free_result ( $ result);        //释放 $ result 所占用的资源
```

8）使用 mysql_close()函数关闭连接

在连接数据库时,可以使用 mysql_connect()函数。与之相对应,在完成了一次对数据库服务器的使用之后,需要关闭此连接,以免对 MySQL 服务器中的数据进行误操作。mysql_close()函数的格式为:

```
mysql_close(需要关闭的数据库连接对象);
```

例如:

```
mysql_close( $ con);
```

3.5.3 网站动态存取 MySQL 数据库

应用 PHP 操作 MySQL 数据库的函数,可以构建动态网站,从 MySQL 数据库中获取网页数据,或者存储网页数据到 MySQL 数据库。如图 3-37 所示,动态网站通过 Web 页面访问数据库的过程分为以下几个步骤:

第一步:用户使用浏览器对某个 Web 页面发出 HTTP 请求。

第二步:服务器端接收到请求,发送给 PHP 程序进行处理。

第三步:PHP 解析代码。PHP 代码首先检查 URL、表单数据、上传的文件、可用的 cookie、Web 服务器和环境变量等客户端提交的数据与服务器端参数、环境变量。如果有可用信息,就访问 $ _GET、$ _POST、$ _FILES、$ _COOKIE、$ _SERVER、$ _ENV 等超全局变量获取参数。如果需要访问数据库,则应用 PHP 操作 MySQL 数据库的函数动态存取数据库,并将数据库的查询结果返回给 PHP 代码。

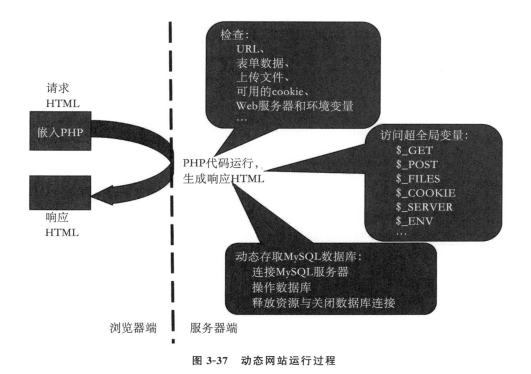

图 3-37　动态网站运行过程

如果 PHP 代码需要访问数据库,则要依次执行下面 3 个环节:

①连接 MySQL 服务器,确定要操作的目标数据库。

• 连接 MySQL 服务器

使用 mysql_connect()函数连接 MySQL 服务器。

• 选择数据库

选择数据库除了使用 mysql_select_db()函数之外,mysql_connect()函数也可以选择操作的目标数据库。

②操作数据库,对数据库执行查询与增加、删除、修改等更新操作。

• 执行 SQL 语句

使用 mysql_query()函数执行 SQL 语句,完成对数据库的查询与更新操作。

• 获取查询结果

可以通过数组与对象的方式获取查询结果。mysql_fetch_assoc()函数通过联合索引数组方式获取返回的信息,而 mysql_fetch_object()函数将结果集中的一行作为对象返回。

• 获取结果集中的记录数

使用 mysql_num_rows() 函数来获取结果集中的记录数。

③操作数据库之后,要释放资源与关闭数据库连接。对于网站和网络应用来说,资源与数据库连接都是非常宝贵的,操作数据库之后,如果没有正确、及时地释放资源,关闭数据库连接,当网站访问量较大时,资源将会很快耗尽,导致网站与网络应用的瘫痪。

• 释放资源

释放资源使用 mysql_free_result() 函数。

• 关闭连接

数据库连接是非常重要的资源,网络应用结束后,要使用 mysql_close() 函数关闭数据库连接。

第四步:PHP 代码根据需要访问 MySQL 数据库,并将返回的结果数据进行处理,生成特定格式的 HTML 响应文件,传递给浏览器。

第五步:浏览器端向用户展示 HTML 响应文件。

3.6 综合示例——PHP 获取复选框选项值

本例将通过 PHP 获取复选框选项值,来说明 PHP 与 Web 页面的交互。具体步骤如下。

第一步:分析需求。本例实现后,在 HTML 静态页面中任意选择复选框,当单击【提交】时,PHP 将获取复选框选项值,并显示相应的提示信息,当复选框选择页面如图 3-38 中(a)时,单击【提交】后,显示效果如图 3-38 中(b)所示。

(a) 复选框选择页面

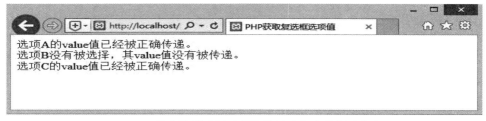

(b) PHP 将获取复选框选项值并显示相应的提示信息

图 3-38　PHP 获取复选框选项值

第二步:创建 HTML 文件,代码如下所示。

HTML 网页如下:

```
<!DOCTYPE HTML>
<html>
<head>
  <meta charset = "utf-8">
  <title>复选框选择页面</title>
</head>
  <body>
    <form action = "handler.php" method = "post">
      <h3>请选择(可复选):</h3>
      <input type = "checkbox" name = "achecked" checked = "checked"
value = "1" />
      选择此项传递的 A 项的 value 值.
      <input type = "checkbox" name = "bchecked" value = "2" />
      选择此项传递的 B 项的 value 值.
      <input type = "checkbox" name = "cchecked" value = "3" />
      选择此项传递的 C 项的 value 值.</br>
      <input type = "submit" value = "提交"/>
    </form>
  </body>
</html>
```

在上面的代码中,form 表单通过 post 方法传递参数给 handler.php 文件,form 表单由 1 个三级标题 h3、3 个复选框和 1 个提交按钮组成,其中 3 个复选框中第一个复选框通过设置 checked 属性 checked＝"checked",缺省为选中状态,其他 2 个复选框缺省为未被选中状态。

第三步:编写 PHP 文件 handler.php,获取复选框选项值,并显示相应提示信息,代码如下所示。

```
<!DOCTYPE HTML>
<html>
  <head>
    <meta charset = "utf-8">
    <title>PHP 获取复选框选项值</title>
  </head>
  <body>


<?php
  if (isset( $ _POST['achecked'])){
    $ achecked = $ _POST['achecked'];
    }
  if (isset( $ _POST['bchecked'])){
    $ bchecked = $ _POST['bchecked'];
    }
  if (isset( $ _POST['cchecked'])){
    $ cchecked = $ _POST['cchecked'];
    }

  if(isset( $ achecked) and $ achecked == 1){
    echo "选项 A 的 value 值已经被正确传递.</br>";
  }else{
    echo "选项 A 没有被选择,其 value 值没有被传递.</br>";
    }
  if(isset( $ bchecked) and $ bchecked == 2){
    echo "选项 B 的 value 值已经被正确传递.</br>";
    }else{
    echo "选项 B 没有被选择,其 value 值没有被传递.</br>";
    }
  if(isset( $ cchecked) and $ cchecked == 3){
    echo "选项 C 的 value 值已经被正确传递.</br>";
```

```
    }else{
    echo "选项 C 没有被选择,其 value 值没有被传递.</br>";
    }
  ?>
  </body>
</html>
```

在上面的 PHP 代码中,首先检测是否设置了超全局变量,如果设置了超全局变量 $ _POST['achecked']、$ _POST['bchecked']、$ _POST['cchecked'],分别赋值给变量 $ achecked、$ bchecked、$ cchecked;其次判断是否设置了变量 $ achecked、$ bchecked、$ cchecked 以及变量的值,如果设置了变量,并且变量值也正确,则提示相应选项值已经被正确传递,否则提示相应选项值没有被选择,其 value 值没有被传递。isset()函数检测变量是否设置,若变量不存在则返回 FALSE,若变量存在且其值为 NULL,也返回 FALSE,只有当变量存在且值不为 NULL 时,才返回 TURE。

3.7　综合示例——网站动态存取 MySQL 数据库

本节将采用 PHP 与 MySQL 技术开发动态网站。其中第一个例子是创建数据库【bookdb268】,后面两个例子是在第一个例子的基础上,分别实现查询数据库、向数据库插入数据。在第二个例子中,PHP 首先获取网页传入的参数,并根据此参数查询数据库【bookdb268】,最后在网页上显示数据库中的数据。第三个例子是 PHP 获取网页上的数据,并将该数据插入数据库【bookdb268】的表中。

3.7.1　创建数据库

在 3.4.3 节中,【例 3.16】采用了命令行方式在 MySQL 数据库系统中创建了【ajax】数据库,并在【ajax】数据库中创建了【user】表,本小节将通过 phpMyAdmin 窗口方式在 MySQL 数据库系统中创建数据库与表。具体步骤如下:

第一步:分析需求。本例将首先在 MySQL 数据库系统中创建数据库【bookdb268】,再在数据库【bookdb268】中建立表【books268】并插入数据,本例实现后显示效果如图 3-39 所示。

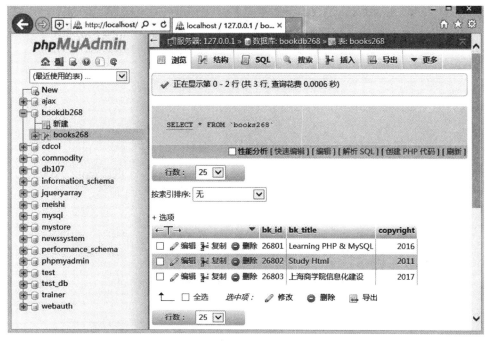

图 3-39　创建数据库【bookdb268】与表【books268】

第二步：启动 Apache 与 MySQL。打开 XAMPP Control Panel→启动 Apache→启动 MySQL 数据库系统。Apache 与 MySQL 成功启动后，Apache 与 MySQL 均变成绿色底色，效果如图 3-40 中所示。

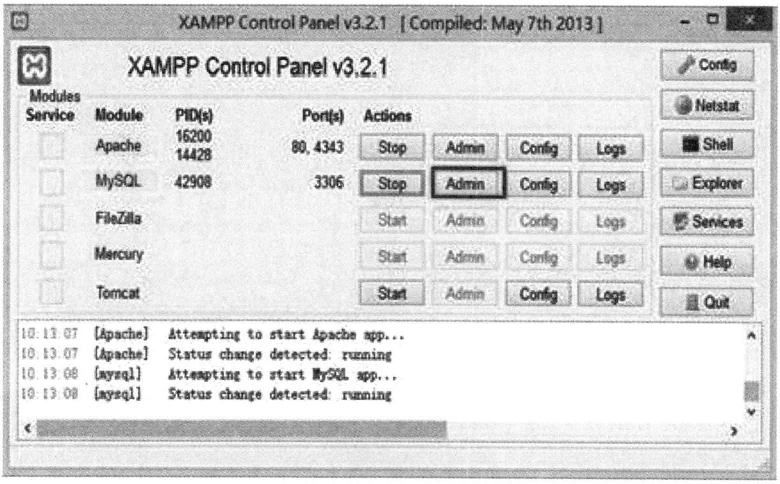

图 3-40　启动 Apache 与 MySQL 系统

第三步:进入 phpMyAdmin 窗口方式。在图 3-40 所示的 XAMPP Control Panel 中单击 MySQL 右侧【Admin】按钮→进入 phpMyAdmin 窗口方式,如图 3-41 所示。

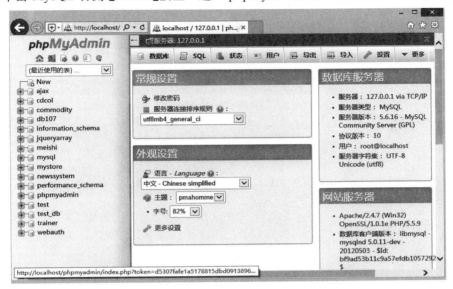

图 3-41　进入 phpMyAdmin 窗口方式

第四步:创建数据库。单击 phpMyAdmin 窗口左侧的【new】→ 在 phpMyAdmin 窗口右侧,【新建数据库】下面输入数据库名【bookdb268】,在排序规则下拉列表中选择【utf8_unicode_ci】(见图 3-42)→单击【创建】按钮。

图 3-42　创建数据库【bookdb268】

第五步：在 phpMyAdmin 窗口左侧，选中新创建的数据库【bookdb268】→在 phpMyAdmin 窗口右侧的【新建数据表】组中：【名字】后面的对话框中输入【books268】，字段数后面的对话框中输入 3，如图 3-43 所示，最后单击【执行】按钮。

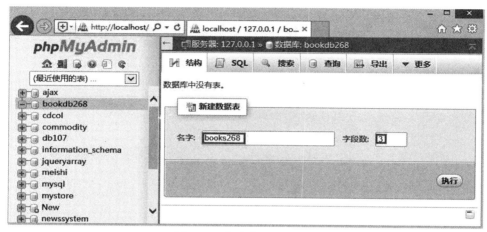

图 3-43　创建表【books268】

第六步：在 phpMyAdmin 窗口右侧依次输入 3 个字段的相关属性，如图 3-44所示。其中【bk_id】字段是自动增长的主键，类型为 int(5)；【bk_title】字段的类型为 varchar(40)，排序规则为 utf8_unicode_ci；【copyright】字段的类型为 int(4)。然后单击【保存】按钮。

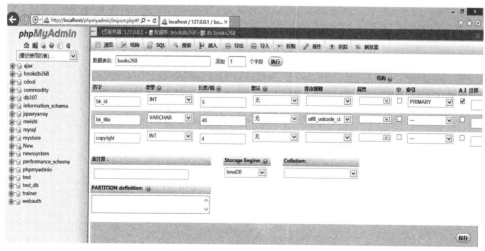

图 3-44　创建表【books268】

第七步：插入数据。在 phpMyAdmin 窗口左侧，选中新创建的表【books268】→在 phpMyAdmin 窗口右侧的最下方，在【继续输入】后的下拉列表中选中 5 行（如图 3-45 所示）→ 输入 3 行数据，如图 3－46 所示 → 在 phpMyAdmin 窗口右侧，依次单击 3 个【执行】按钮，如图 3-46 所示。

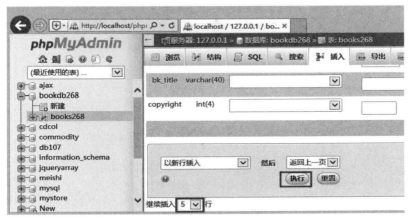

图 3-45 指定插入的数据行数

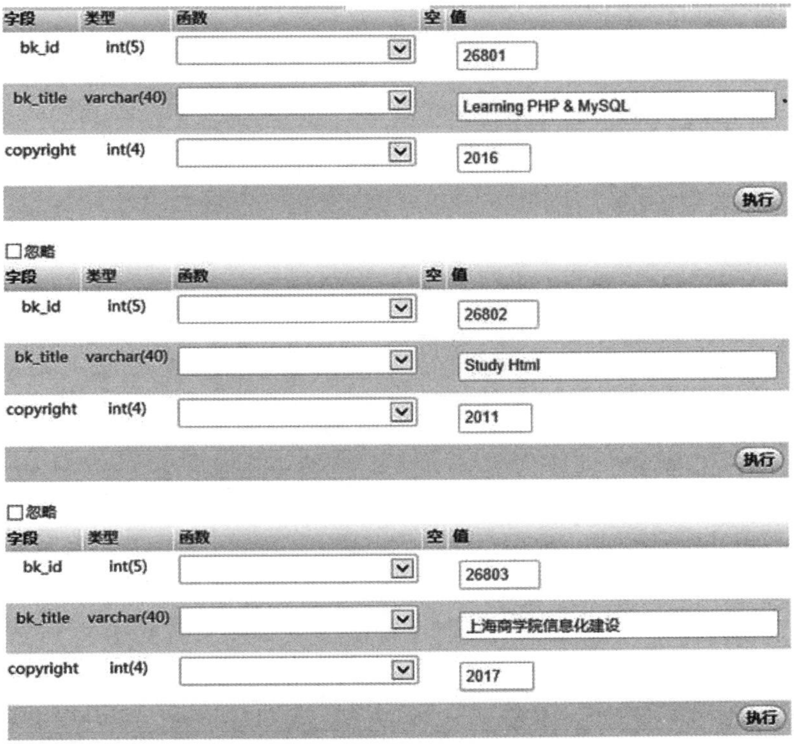

图 3-46 插入的数据

这个例子创建了数据库【bookdb268】,并在数据库【bookdb268】中建立了表【books268】,最后在表【books268】中插入了 3 条数据,效果如图 3-47 所示。

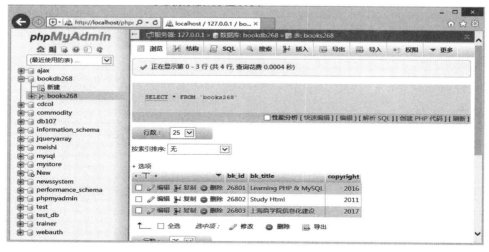

图 3-47　创建数据库【bookdb268】与表【books268】

3.7.2　网页获取 MySQL 数据库数据

本小节将通过一个例子来说明 PHP 根据网页指定条件查询 MySQL 数据库,并在网页上显示查询结果的相关信息。具体步骤如下。

第一步:分析需求。在 HTML 页面中输入书号,并单击【查找】按钮时,将在上节创建的数据库【bookdb268】中查找相关信息,并在跳转页面中显示相关信息。如在图 3-48(a)中,输入要查找图书的书号(bk_id),并单击【查找】按钮时,跳转页面会显示该图书的相关信息,效果如图 3-48(b)所示。

（a）输入查询条件

（b）查找数据库并显示相关信息

图 3-48　网页获取 MySQL 数据库数据

第二步：创建图书查询页面，代码如下所示。

```html
<!DOCTYPE HTML>
  <html>
    <head>
    <meta charset = "utf-8">
    <title>查找书目</title>
  </head>
  <body>
    <h2>查找图书</h2>
    <form action = "handler.php" method = "post">
      请输入书号：
      <input name = "bookname" type = "text" size = "20"/> <br />
      <input name = "submit" type = "submit" value = "查找"/>
    </form>
  </body>
</html>
```

在上面的代码中，页面由一个二级标题<h2>和一个 form 表单组成，其中 form 表单由一个输入框和一个提交按钮组成，并通过 post 方法传递参数给 handler.php 文件，浏览效果如图 3-49 所示。

图 3-49　图书查询页面

第三步：编写 PHP 文件 handler.php，获取"图书查询页面"的输入框中输入的图书书号，在数据库中查找图书并显示图书信息，代码如下所示。

```
<!DOCTYPE HTML>
<html>
<head>
  <meta charset = "utf-8">    //设定网页编码字符集
  <title>查找书目</title>
</head>
<body>
  <h2>满足条件的图书:</h2>
  <?php
  $ bookname = $ _POST['bookname'];    //获取"图书查询页面"的图书书号
if(! $ bookname){
    echo "Error: There is no data passed.";
  exit;
}


$ con = mysql_connect('localhost','root',);    //连接数据库

if(! $ con){
    die('Could not connect: '. mysql_error());
}
$ db = mysql_select_db("bookdb268", $ con);

  mysql_query("set names 'utf8'");
//设定 MYSQL 连接编码,确保正确显示中文字符
  $ q = "SELECT * FROM books268 WHERE bk_id = '". $ bookname."'";

  $ result = mysql_query( $ q, $ con);    //执行 SQL 语句
    $ rownum = mysql_num_rows( $ result);    //获取结果集中的记录数

  for( $ i = 0; $ i< $ rownum; $ i + + ){
    $ row = mysql_fetch_assoc( $ result);
//结果中获取关联数组的一行
```

```
    echo "bk_id:    ". $ row['bk_id']."<br />";
    echo "bk_title:    ". $ row['bk_title']."<br />";
    echo "copyright:    ". $ row['copyright']."<br />";
  }
  mysql_free_result( $ result);    //释放资源

  mysql_close( $ con);    //关闭连接

?>
</body>
</html>
```

在上面的代码中,首先 $ bookname ＝ $ _POST['bookname'];语句获取"图书查询页面"的图书书号并赋值给变量 $ bookname,再根据变量 $ bookname 查询数据库。查询数据库分为三个环节:

(1)连接 MySQL 服务器,确定要操作的目标数据库。上面的代码使用mysql_connect('localhost','root','')函数连接 MySQL 服务器,其中第一个参数是 MySQL 服务器的 IP 地址,这里使用'localhost'说明连接本机上的 MySQL 服务器,第二、三个参数说明登录用户的用户名与口令;而 $ db ＝ mysql_select_db("bookdb268", $ con);语句设定了 bookdb268 为要存取的目标数据库。

(2)操作数据库。赋值查询字符串 $ q ,其中根据变量 $ bookname 设置查询条件。使用 mysql_query($ q, $ con)函数查询数据库,并通过 mysql_fetch_assoc($ result)获取并输出查询结果信息。

(3)操作数据库之后,要释放资源与关闭数据库连接。

还有一点需要注意的是,要在页面上正确显示中文字符,网页的编码字符集要与 MySQL 连接字符集一致。例如,上面的代码设定网页编码字符集为charset＝"utf-8",同时通过 mysql_query("set names 'utf8'");设定 MySQL 连接字符集也是 utf-8。

3.7.3　网页数据保存到 MySQL 数据库

本小节将通过一个例子说明如何将网页数据保存到数据库中。具体步骤如下:

第一步:分析需求。如图 3- 50(a)所示,在 HTML 页面中录入图书的相关信息,当单击【添加】按钮时,将向 3.7.1 节创建的数据库【bookdb268】中增加一条记录,并跳转到信息提示页面,显示录入操作成功与否,效果如图 3-50(b)

所示。

（a）数据录入页面　　　　　（b）操作信息提示页面

图 3-50　将网页数据保存到数据库

第二步：创建 HTML 数据录入页面，代码如下所示：

```html
<html>
<head>
  <title>增加书目</title>
  <meta charset = "utf-8">
</head>
<body>
  <h2>添加一本书到数据库.</h2>
  <form action = "handler268.php" method = "post">
    Fill bk_id :
    <input name = "bk_id" type = "text" size = "8"/> <br />
Fill bk_title:
    <input name = "bk_title" type = "text" size = "40"/> <br />
Fill copyright:
    <input name = "copyright" type = "text" size = "5"/> <br />
    <input name = "submit" type = "submit" value = "添加"/>
  </form>
</body>
</html>
```

页面由 1 个二级标题和 1 个 form 表单组成，其中 form 表单由 3 个输入框和 1 个提交按钮组成，并通过 post 方法传递参数给 handler268.php 文件，浏览效果如图 3-51 所示。

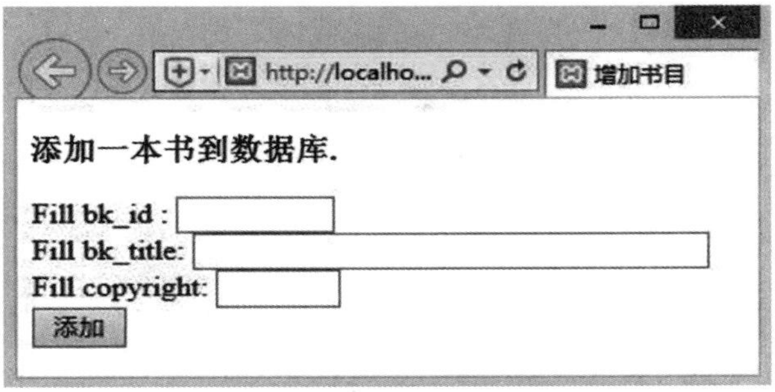

图 3-51　数据录入页面

　　第三步：编写 PHP 文件 handler268.php，获取数据录入页面的数据，并将数据录入数据库【bookdb268】中，显示相应提示信息，代码如下所示：

```
<html>
<head>
  <title>增加书目</title>
  <meta charset = "utf-8">
</head>
<body>
  <h2>添加一本书.</h2>
<?php
$ bk_id = $ _POST['bk_id'];                 //获取数据录入页面的数据
$ bk_title = $ _POST['bk_title'];           //获取数据录入页面的数据
$ copyright = $ _POST['copyright'];         //获取数据录入页面的数据
if(! $ bk_id and ! $ bk_title and ! $ copyright){
    echo "Error: There is no data passed.";
  exit;
}
if(! $ bk_id or ! $ bk_title or ! $ copyright){
    echo "Error: Some data did not be passed.";
  exit;
}

  $ con = mysql_connect('localhost','root',");    //连接数据库
```

```
if(! $ con){
    die('Could not connect: ' . mysql_error());
}
  $ db = mysql_select_db("bookdb268", $ con);
        mysql_query("set names 'utf8'");

  $ q = "INSERT INTO books268( bk_id, bk_title, copyright) VALUES ('
$ bk_id','$ bk_title','$ copyright')";

  if( !mysql_query( $ q, $ con)){
    echo "no book has been added to database.";
  }else{
    echo $ bk_id." has been added to database.";
  };
  mysql_close( $ con);      //关闭连接
?>
</body>
</html>
```

在上面的代码中,首先获取数据录入页面的数据并分别赋值给变量 $ bk_id、$ bk_title、$ copyright,再将数据录入数据库【bookdb268】。无论是查询数据库,还是录入数据到数据库,数据库的操作都分为 3 个环节:

(1)连接 MySQL 服务器,确定要操作的目标数据库。这部分代码与 3.7.2 节相同。

(2)操作数据库。首先根据变量 $ bk_id、$ bk_title、$ copyright 设置录入字符串 $ q ,其次与 3.7.2 节一样使用 mysql_query($ q, $ con)函数,执行录入字符串 $ q,并输出提示信息。

(3)操作数据库之后,要释放资源与关闭数据库连接。这部分代码与 3.7.2 节相同。

与 3.7.2 节类似,要将页面上的中文字符正确录入数据库,网页的编码字符集也要与 MySQL 连接字符集一致。

至此,完成了将网页数据保存到 MySQL 数据库,效果如图 3-50 所示,这时再查询数据库【bookdb268】,数据已经录入了,如图 3-52 所示。

图 3-52　数据库中已插入数据

习题

一、选择题

1. 以下_____不是 PHP 起始/结束符。

　　A. $<\%\ \%>$　　B. $<?\ ?>$　　C. $<!\ --\ -->$　　D. $<?php\ ?>$

2. 关于 PHP 变量的说法正确的是_____。

　　A. PHP 是一种强类型语言

　　B. PHP 变量声明时需要指定其变量的类型

　　C. PHP 变量声明时在变量名前面使用的字符是"&"

　　D. PHP 变量使用时,上下文会自动确定其变量的类型

3. 要配置 Apache 的 PHP 环境,只需修改_____。

　　A. php.ini　　　　　B. http.conf　　　　C. php.sys　　　D. php.exe

4. PHP 当中"."的作用是_____。

　　A. 连接字符串　　　B. 匹配符　　　　　C. 赋值　　　　　D. 换行

5. 给定一个用逗号分隔一组值的字符串,以下_____函数能在仅调用一次的情况下就把每个独立的值放入一个新创建的数组。

A. strstr()   B. 不可能只调用一次就完成

C. extract()   D. explode()

6. PHP 函数 isset() 的功能是_____。

    A. 测试变量是否存在   B. 测试变量是否为空

    C. 测试常量是否为空   D. 测试常量是否存在

7. 读取 get 方法传递的表单元素值的方法是_____。

    A. $_GET["名称"]   B. $get["名称"]

    C. $GET["名称"]   D. $_get["名称"]

8. 以下关于 MySQL 叙述中,错误的是_____。

    A. MySQL 是真正多线程、单用户的数据库系统

    B. MySQL 是真正支持多平台的

    C. MySQL 完全支持 ODBC

    D. MySQL 可以在一次操作中从不同的数据库中混合表格

9. 清除一个表结构的 SQL 语句是_____。

    A. Delete   B. Drop   C. Update   D. Truncate

10. 在 PHP 函数中,属于选择数据库函数的是_____。

    A. mysql_fetch_row   B. mysql_fetch_object

    C. mysql_result   D. mysql_select_db

11. DESC 在这个查询中起的作用是_____。

SELECT * FROM MY_TABLE WHERE ID > 0 ORDER BY ID,

NAME DESC;

    A. 返回的数据集倒序排列

    B. ID 相同的记录按 NAME 升序排列

    C. ID 相同的记录按 NAME 倒序排列

    D. 返回的记录先按 NAME 排序,再按 ID 排序

    E. 结果集中包含对 NAME 字段的描述

12. 以下_____不是 SQL 函数。

    A. AVG   B. SUM   C. MIN   D. CURRENT_DATE()

13. 改变输出 MySQL 中文乱码的 SQL 语句是( )。

    A. SET NAMES GB2312   B. SET NAMES UTF8

    C. SET NAMES UTF-8   D. SET NAMES "GB2312"

14. 以下不属于动态网站建设的语言的是_____。

    A. JSP   B. PHP   C. HTML   D. ASP

15. 在 Dreamweaver 中,定义本地站点的正确操作是_____。

A. 选择【打开】open/【文件】file

B. 选择【站点】site/【新建站点】new site

C. 选择【打开】open/【站点】site

D. 选择【插入】insert/【站点】site

16. 下列属于静态网页的是_____。

A. abc.asp　　　B. abc.doc　　　C. abc.htm　　　D. abc.jsp

17. 以下对网站的概念描述错误的是_____。

A. 根据一定的规则，使用 HTML 等工具制作的用于展示特定内容的相关网页的集合

B. 博客和论坛是网站的一种简单应用

C. 网站是静态的，网站更新需要重新编写页面

D. 每个网站都应该有一个主页

18. 以下关于网站服务器的描述正确的是_____。

A. 服务器是一个管理资源并为用户提供服务的计算机软件

B. 服务器是一种虚拟的网络公共资源

C. 服务器是微软提供的一种网站开发工具

D. 服务器是开源的

19. 下面_____选项是 Web 服务器。

A. IIS　　　　B. Tomcat　　　C. Oracle　　　D. MySQL

20. 网站建设中服务器的选择需要考虑的方面是_____。

A. 性能与价钱的平衡

B. 看重"支持并发用户能力"和"事件及时响应能力"

C. 网络线路选择

D. 尽量使用新技术和理念

二、简述题

1. 某动态网站采用 PHP 和 MySQL 技术开发，请简述其工作原理。

2. mysql_fetch_row() 和 mysql_fetch_array() 有什么区别？

3. mysql_pconnect() 和 mysql_connect() 有什么区别？

4. 语句 include 和 require 的区别是什么？

三、编写程序

1. 使用 PHP 写一段简单查询，查出所有姓名为"唐僧"或电话号码为 13812512331 的内容并打印出来。

数据库名：DB_Pserson　　　表名：TB_Person（字段都为 varchar 类型）

UserName	Phone	Edu	Date
八戒	13563693366	本科毕业	2012-09-11
孙悟空	13812512331	大专毕业	2108-11-15
唐僧	021-55698566	中专毕业	2016-08-15

2. 使用 PHP 操作 MySQL 数据库。

表名：Student　　（ID 为整型，其他字段均为 varchar 类型）

Id	UserName	Telepnone	Edu	Date
1001	刘德华	13878693366	中专毕业	2012-09-11
1002	张学友	13488512331	大专毕业	2011-11-10
1003	周杰伦	010-59898566	本科毕业	2018-08-15

（1）将记录（李宇春 13083492321 高中毕业 2007－05－06）新增至表中。

（2）把刘德华的 Date 字段更新为当前系统时间。

（3）删除编号为 1001～1003 的全部记录。

第 4 章

AJAX 与 JSON

AJAX 是 Asynchronous JavaScript and XML（异步 JavaScript 与 XML）的缩写。AJAX 是指一种创建交互式网页应用的网页开发技术，使用 JavaScript 在浏览器与 Web 服务器之间异步地发送和接收数据。

传统的 Web 应用程序会通过 HTML 表单把数据提交到 Web 服务器，当 Web 服务器把数据处理完毕之后，会向用户返回一个完整的新网页。由于每当用户提交数据，服务器就会返回新网页，因此传统的 Web 应用程序往往运行缓慢，且越来越不友好。

通过 AJAX，Web 应用程序无须重载网页，就可以发送并取回数据。完成这项工作，需要在后台异步地向服务器发送 HTTP 请求，当服务器返回数据时使用 JavaScript 仅仅修改网页的一部分。由于 AJAX 技术通过向 Web 服务器请求少量的信息，而不是重载整个 Web 页面，可以使网页更迅速地响应。

AJAX 可以让开发者在浏览器端更新被显示的 HTML 内容而不必刷新页面，从而使基于浏览器的应用程序更具交互性，能为用户提供更为自然的浏览体验，就像在使用桌面应用程序一样，是目前很新的 Web 应用程序客户端技术。

4.1 AJAX 概述

确切地说，AJAX 不是一项技术，而是一种用于创建更好、更快以及交互性更强的 Web 应用程序的技术组合，是以 JavaScript 为主要元素，综合已存在的 Web 开发技术，比如 HTML 和 CSS、DOM、XML、XMLHttpRequest 等形成的协作开发平台，详见表 4-1。

表 4-1　AJAX 关键元素介绍

技术元素	作用
HTML 和 CSS	用于在 Web 浏览器中呈现静态页面显示效果和页面布局
XMLHttpRequest 对象	允许 Web 程序员从 Web 服务器以后台活动的方式获取数据，数据格式通常为 XML，也可以是任何文本格式的数据
JavaScript 脚本语言	用来编写 AJAX 应用程序，嵌入浏览器中实现相关的处理逻辑
XML	作为客户端与 Web 服务器端之间数据传送格式
DOM	根据 Web 服务器端传回的数据动态修改浏览器中的页面

AJAX 技术使用 JavaScript 定义了业务规则和程序流程，使用 XMLHttpRequest 对象以后台方式从服务器获得数据，通过 DOM 和 CSS 来展示获取的数据，如图 4-1 所示。

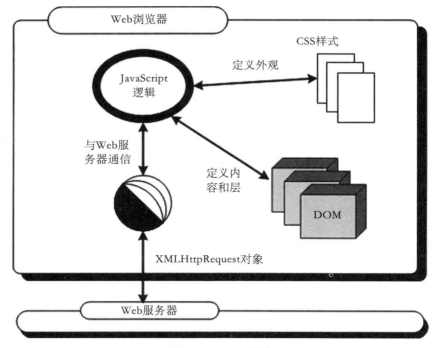

图 4-1　AJAX 解析

从图 4-1 中可以看到，JavaScript 将各部分组织在一起，定义工作流和业务逻辑，通过 JavaScript 操作 DOM 来改变和刷新界面，不断地重新组织显示给用户的数据，并且处理用户基于鼠标和键盘的交互；而 XMLHttpRequest 对象则用来与服务器进行异步通信,在用户工作时,提交用户的请求并获取最新数据。

虽然现在提供了各种 AJAX 框架,已进一步简化了 XMLHttpRequest 对象的使用,但是,我们仍然很有必要理解这个对象的详细工作机制。

4.2　XMLHttpRequest 对象

4.2.1　创建 XMLHttpRequest 对象

AJAX 最大的特点是无须刷新页面便可向服务器传输或读写数据,这一特点主要得益于 XMLHttpRequest 对象,AJAX 通过浏览器内部对象 XMLHttpRequest 来发送和接收 HTTP 请求与响应信息。

在使用 XMLHttpRequest 对象发送请求和响应之前,首先要创建这个对象。由于 W3C 目前还没有关于 XMLHttpRequest 对象的统一标准,因此不同的浏览器往往采用不同的方法创建 XMLHttpRequest 对象。创建 XMLHttpRequest 对象的代码如【例 4.1】所示。

【例 4.1】

```
<script type = "text/javascript">
  function GetXmlHttpObject()
  {
    var xmlHttp = null;
    try
    {
      //新版本的 Firefox, Mozilla, Opera 以及 Safari 浏览器
      xmlHttp = new XMLHttpRequest();
    }
  catch (e)
  {
    //Internet Explorer
    try
    {    // IE 5.0 以后的版本
      xmlHttp = new ActiveXObject("Msxml2.XMLHTTP");
    }
    catch (e)
    {    // IE 5.0 以前的版本
      xmlHttp = new ActiveXObject("Microsoft.XMLHTTP");
```

```
      }
    }
  return xmlHttp;
  }
</script>
```

幸运的是,尽管创建方法不同,但是所有的浏览器都实现了类似的功能,并且本质上的方法是相同的。目前,W3C 组织正在努力进行 XMLHttpRequest 对象的标准化。

4.2.2 XMLHttpRequest 对象的属性和方法

1) 属性

• readyState

HTTP 请求的状态,该属性为只读属性。当一个 XMLHttpRequest 对象初次创建时,这个属性的值从 0 开始,直到接收到完整的 HTTP 响应,这个值增加到 4。

表 4-2 readyState 属性值

状态	名称	描述
0	Uninitialized	初始化状态。XMLHttpRequest 对象已创建或已被 abort()方法重置
1	Open	open()方法已调用,但是 send()方法未调用。请求还没有被发送
2	Sent	Send()方法已调用,HTTP 请求已发送到 Web 服务器。未接收到响应
3	Receiving	所有响应头部都已经接收到。响应体开始接收但未完成
4	Loaded	HTTP 响应已经完全接收

• onreadystatechange

每次 readyState 属性改变的时候调用的事件触发函数,该属性为只写。当 readyState 属性值为 3 时,它也可能调用多次。

• responseText

客户端接收到的响应体(不包括头部),属性为只读。

如果 readyState 属性值小于 3,这个属性就是一个空字符串。当 readyState 属性值为 3(正在接收)时,这个属性返回目前已经接收的响应部分。如果 readyState 属性值为 4(已加载)时,这个属性保存了完整的响应体。

• responseXML

当接收到完整的 HTTP 响应时，responseXML 属性用于描述 XML 响应，即将请求的服务器响应解析为 XML，并作为 DOM 对象返回，此时响应体 Content-Type 头部指定 MIME（媒体）类型为 text/xml、application/xml，或以 ＋xml 结尾。如果 Content-Type 头部并不包含这些媒体类型之一，那么 responseXML 属性的值为 NULL。

无论何时，只要 readyState 属性不为 4，那么 responseXML 属性值为 NULL。

就其本质来说，responseXML 属性是一个 DOM 对象，用来描述被分析的文档。如果文档是不能良构的，或不支持相应的字符编码，导致文档不能被解析，那么 responseXML 属性值为 NULL。

- status

属性 status 描述了服务器返回的 HTTP 状态代码，如表 4-3 所示，代码为 200 表示成功，代码 404 表示"Not Found"错误，而代码 500 表示"服务器内部错误"等。

只有当 readyState 属性值为 3（正在接收中）或 4（已加载）的时候，属性 status 才可用。当 readyState 属性值小于 3 时，读取这一属性将会导致一个异常。

表 4-3　服务器返回的 HTTP 状态代码

状态代码	状态信息	含义
1xx		信息提示，表示临时的响应。客户端在收到常规响应之前，应准备接收一个或多个 1xx 响应
100	Continue	初始请求已经接受，客户应当继续发送请求的其余部分
101	Swithing Protocols	服务器遵从客户的请求，转换到另外一种协议
2xx		表明服务器成功地接受了客户端请求
200	OK	一切正常，请求响应成功
201	Create	服务器已经创建了文档，Location 头给出了它的 URL
202	Accepted	已经接受请求，但是处理未完成
203	Non-Authoritative Information	文档已经正常地返回，但一些应答头可能不正确
204	No Content	请求收到，但返回信息为空

（续表）

状态代码	状态信息	含义
3xx		重定向。客户端浏览器必须采取更多操作来实现请求。例如，浏览器可能不得不请求服务器上的不同的页面，或通过代理服务器重复该请求
300	Multiple Choices	客户请求的文档可以在多个位置找到，这些位置已经在返回的文档内列出。如果服务器要提出优先选择，则应该在 Location 应答头指明
301	Moved Permanently	客户请求的文档在其他地方，新的 URL 在 Location 头中给出，浏览器应该自动地访问新的 URL
302	Found	类似于 301，但新的 URL 应该被视为临时性的替代，而不是永久性的
4xx		客户端错误。发生错误，客户端似乎有问题。例如，客户端请求不存在的页面，客户端未提供有效的身份验证信息
400	Bad Request	错误的请求，如请求出现语法错误
401	Unauthorized	访问被拒绝，客户试图未经授权访问受密码保护的页面
403	Forbidden	资源不可用。服务器理解客户的请求，但拒绝处理。通常由于服务器上文件或目录的权限设置导致
404	Not Found	无法找到指定位置的资源
5xx		服务器错误。服务器由于遇到错误而不能完成该请求
500	Internal Server Error	服务器产生内部错误
501	Not Implemented	服务器不支持请求的函数

• statusText

属性 statusText 使用文本信息描述了服务器返回的 HTTP 状态代码。也就是说，当状态代码为 200 的时候，statusText 属性值是"OK"；当状态代码为 404 的时候，statusText 属性值是"Not Found"。和 status 属性一样，当 readyState 小于 3 的时候，读取这一属性会导致一个异常。

2）方法

• abort()方法

abort()方法用来取消当前响应,关闭连接并且结束任何未完成的网络活动,并且把 XMLHttpRequest 对象的 readyState 属性重置为 0 的状态。例如,如果请求用了太长时间,而且响应不再必要的时候,可以调用这个方法。

- open()方法

初始化 HTTP 请求参数,例如 URL 和 HTTP 方法,但是并不发送请求。

- send()方法

调用 open() 方法准备好一个请求之后,使用 send()方法发送该 HTTP 请求。

- setRequestHeader()方法

向一个打开但未发送的 HTTP 请求设置或添加头部信息。此方法需在 open()方法以后调用,一般在 post 方式中使用。

- getResponseHeader()方法

返回 HTTP 响应的头部值。getResponseHeader()方法的参数是要返回的 HTTP 响应头部名称,不区分大小写,即和响应头部的比较是不区分大小写的。

如果 readyState 属性值小于 3,那么返回空字符串。如果接收到多个有指定名称的头部,这个头部的值被连接起来并返回,使用逗号和空格分隔开各个头部的值。

- getAllResponseHeaders()方法

返回值是一个字符串,包含 HTTP 响应的所有头部信息,包括 Content-length,date,uri 等内容。每个头部信息占用单独的一行,其中每个键和键值用冒号分开,每一组键之间用 "\r\n"(回车加换行符)来分隔。

如果 readyState 属性值小于 3,这个方法返回 NULL。

4.3　AJAX 技术

AJAX 通过 XMLHttpRequest 对象来发送 HTTP 请求与接收响应信息。那么这个过程是如何实现的呢? 以一个实例演示网页如何使用 AJAX 技术从 MySQL 数据库中读取信息。

id	FirstName	LastName	Age	City	Job
1	Peter	Griffin	41	广州	工程师
2	Lois	Griffin	39	北京	教师
3	Glenn	Quagmire	27	上海	学生
4	Joseph	Swanson	30	重庆	军官

图 4-2　MySQL 数据库中表 usertable

在本例中有 4 个元素:HTML 页面、selectuser.js 文件、getuser.php 文件、

MySQL 数据库"ajax"中的 usertable 表。定义一个简单的 HTML 页面触发 JavaScript 函数，在 selectuser.js 文件中创建 XMLHttpRequest 对象，发送 HTML 请求并获取响应，文件 getuser.php 用于查询 MySQL 数据库"ajax"中的 usertable 表（见图 4-2）。

【例 4.2】

定义 HTML 页面：

```
<!DOCTYPE HTML>
<html>
  <head>
    <meta charset = "utf-8">
    <title>入境来宾</title>
    <script src = "selectuser.js"></script>
  </head>
  <body>
    <form>
      选择来宾：
      <select name = "users" onchange = "showUser(this.value)" value
= "请选择来宾">
        <option value = "1">Peter Griffin</option>
        <option value = "2">Lois Griffin</option>
        <option value = "3">Glenn Quagmire</option>
        <option value = "4">Joseph Swanson</option>
      </select>
    </form>
    <p>
      <div id = "txtHint"><b>外宾信息</b></div>
    </p>
  </body>
</html>
```

在上面的代码中：

（1）定义了一个简单的 HTML 表单，其中带有名为 "users" 的下拉列表，这个列表包含了姓名，以及与数据库的 "ID" 对应的选项值。

（2）表单下面的段落包含了 ID 为"txtHint"的 DIV 层。这个 DIV 为占位符,用于显示从 Web 服务器检索到的信息。

（3）当用户选择下拉列表时,将触发"onchange"事件,执行 selectuser.js 文件中名为 "showUser()" 的函数。换句话说,每当用户改变下拉列表中的值,就会调用 showUser() 函数。

这个 HTML 页面的运行效果如图 4-3 所示。

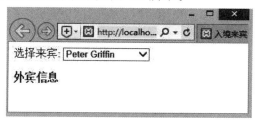

图 4-3　HTML 页面预览效果

【例 4.3】

selectuser.js 代码：

```
var xmlHttp
function showUser(str){
  xmlHttp = GetXmlHttpObject()
  if (xmlHttp = = null)
  {
    alert ("Browser does not support HTTP Request")
    return
  }
  var url = "getuser.php"
  url = url + "?q = " + str
  url = url + "&sid = " + Math.random()
  xmlHttp.onreadystatechange = stateChanged
  xmlHttp.open("GET",url,true)
  xmlHttp.send(null)
}

function stateChanged() {
  if (xmlHttp.readyState = = 4 || xmlHttp.readyState = = "complete") {
      document. getElementById ( " txtHint "). innerHTML =
xmlHttp.responseText
```

```
    }
  }

function GetXmlHttpObject(){
  var xmlHttp = null;
  try {
    // Firefox, Opera 8.0 + , Safari
    xmlHttp = new XMLHttpRequest();
  }catch (e) {
    //Internet Explorer
    try {
      xmlHttp = new ActiveXObject("Msxml2.XMLHTTP");
    } catch (e) {
    xmlHttp = new ActiveXObject("Microsoft.XMLHTTP");
    }
  }
  return xmlHttp;
}
```

在 selectuser.js 中,showUser()方法就是通过 XMLHttpRequest 对象处理 HTTP 请求,它可以分为 5 个步骤:

(1)调用 GetXmlHttpObject 函数来创建 XMLHttpRequest 对象。与【例 4.1】类似,GetXmlHttpObject 函数为不同的浏览器创建 XMLHttpRequest 对象"xmlHttp"。

(2)定义发送到服务器的 URL。URL 由 PHP 文件名、参数"q"和一个随机数组成。参数"q"为下拉列表的选项值,而添加一个随机数,避免服务器使用缓存的页面。

(3)当触发事件时调用回调方法 stateChanged。每当 XMLHttpRequest 对象"xmlHttp"的状态发生改变时,则执行 stateChanged 函数。当对象 "xmlHttp"的 readyState 属性值变成 4 或"complete"时,用响应文本填充 txtHint 占位符的内容。

(4)通过给定的 URL 打开 XMLHttpRequest 对象"xmlHttp"。

(5)向服务器发送 HTTP 请求。

【例 4.4】

getuser.php 代码。

```php
<?php
  $ q = $ _GET["q"];

  $ con = mysql_connect('localhost', 'root', '123456');
  if (! $ con) {
    die('Could not connect: ' . mysql_error());
    }

  mysql_select_db("ajax", $ con);
  mysql_query("set names 'utf8'");
  $ sql = "SELECT * FROM usertable WHERE id = '" . $ q . "'";

  $ result = mysql_query( $ sql);
  header('Content-Type: text/xml;charset = utf-8');
  echo "<table border = '1'>
        <tr>
          <th>Firstname</th>
          <th>Lastname</th>
          <th>Age</th>
          <th>City</th>
          <th>Job</th>
        </tr>";

  while( $ row = mysql_fetch_array( $ result)) {
    echo "<tr>";
    echo "<td>" . $ row['FirstName'] . "</td>";
    echo "<td>" . $ row['LastName'] . "</td>";
    echo "<td>" . $ row['Age'] . "</td>";
    echo "<td>" . $ row['City'] . "</td>";
    echo "<td>" . $ row['Job'] . "</td>";
    echo "</tr>";
  }
```

```
echo "</table>";

mysql_close( $con);
?>
```

当 JavaScript 文件 selectuser.js 请求【例 4.4】这个 PHP 页面时，会创建 MySQL 数据库连接，找到拥有指定姓名的用户，并以 HTML 表格方式返回结果。

该实例的运行效果如图 4-4 所示，每当用户改变下拉列表中的值，就会无刷新显示数据库中的动态来宾信息。

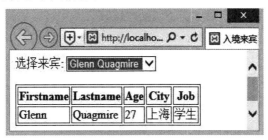

图 4-4 选择下拉列表"Glenn Quagmire"效果

4.4 JSON 数据交换格式

JSON(JavaScript Object Notation，JavaScript 对象表示法)是一种轻量级的数据交换格式。由于创建 JSON 数据或将其他存在的数据转换成 JSON 数据格式相当简单，JSON 已经得到了广泛的应用。

4.4.1 JSON 概述

由于 JSON 是 JavaScript 编程语言的一个子集，所以在 JavaScript 中处理 JSON 字符串不需要任何特殊的 API 或工具包。

一个 JSON 字符串是由"Key：Value"对组成的无序集合，其规则如下：

(1) 以 "{"开始，以 "}"结束。

(2) "Key"一般是一个字符串，"Value"可以是字符串、数值型等基本类型。"Key""Value"如果是字符串，要使用双引号括起来。

(3) "Key""Value"之间以 ":"连接。

(4) 每对"Key：Value"之间使用 ","分隔。

(5) 值也可以是一个数组，开始于"["，结束于"]"，每个数组元素是一个

JSON 字符串。

　　JSON 以一种特定的字符串形式来表示对象,这一字符串赋值给一个 JavaScript 对象,那么就可以获取 JavaScript 对象的属性或者是对属性赋值。

　　【例 4.5】

```
<!DOCTYPE HTML>
<html>
<head>
<meta charset = "utf-8">
<title>初识 JSON</title>
</head>
<script>
var user =
  {
    "username":"andy",
    "age":20,
    "info": {"tel":"123456","cellphone":"98765"},
    "address":
      [
        {"city":"beijing","postcode":"222333"},
        {"city":"newyork","postcode":"555666"}
      ]
  }
  document.write(user.username + "<br>" + user.age + "<br>" +
user.info.cellphone + "<br>");
  document.write(user.address[0].city + "<br>" + user.address[0].
postcode + "<br><br>");
  user.username = "Tom";
  document.write("赋值后:" + user.username);
</script>
<body>
</body>
</html>
```

　　在上面的代码中,将 JSON 字符串赋值给对象 user。user 对象拥有

username，age，info，address 等属性，其属性可以被获取并输出，也可以对其进行赋值。运行结果如图 4-5 所示。

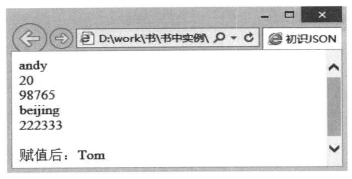

图 4-5　初始 JSON

4.4.2　JSON 数据的编码与解码

如果要在客户端与服务器之间传输 JSON 数据，那么首先要解决的问题是 JSON 数据的编码与解码。一般会有两种情况：① 客户端：JavaScript 对象与 JSON 数据的相互转换。② 服务器端：PHP 对象与 JSON 数据的相互转换。

1）JavaScript 对象与 JSON 数据的相互转换

JavaScript 对象与 JSON 数据的相互转换，即需要向服务器传输数据时，JavaScript 对象如何转换成 JSON 字符串；对于服务器响应数据，如何将 JSON 字符串转换为 JavaScript 对象。

• 将 JavaScript 对象转换为 JSON 字符串——JSON 数据的编码

JSON.stringify 函数可以将 JavaScript 对象转换为 JSON 字符串。

```
JSON.stringify(value[, replacer[, space]])
```

参数 value 为要转换为 JSON 字符串的对象，是必选项；而 replacer 为可选项，该参数也是替换函数，函数返回值将替代转换结果的相应节点值；space 是可选项，格式化输出 JSON 字符串，即确定缩进的空格数量，如果不提供该参数将不会格式化输出。

• 将 JSON 字符串转换为 JavaScript 对象——JSON 数据的解码

（1）eval 函数。为了将 JSON 字符串转换为对象，可以使用 eval 函数。eval 函数调用 JavaScript 解释器，由于 JSON 是 JavaScript 的子集，因此解释器将正确地解析字符串并产生对象结构。需要注意的是，JSON 字符串必须括在括号中，避免产生 JavaScript 的语法歧义。

```
var obj = eval('(' + JSONTest + ')');
```

eval 函数非常快速,但是 JavaScript 解释器可以执行任何 JavaScript 程序,因此产生了安全性问题。当使用可信任与完善的源代码时,才可以使用 eval 函数解析 JSON 字符串;使用 XMLHttpRequest 的 Web 应用,页面之间的通信只允许同源,因此是可以信任的,但是这却不是完善的,如果服务器没有严谨的 JSON 编码,或者没有严格的输入验证,那么可能传送包括危险脚本的无效 JSON 字符串,eval 函数将执行恶意的脚本。

(2) JSON.parse 函数。使用 JSON 解析器可以防止像 eval 函数转换 JSON 字符串那样的安全隐患。JSON 解析器只能辨识 JSON 文本,拒绝所有脚本。提供了本地 JSON 支持的浏览器的 JSON 解析器将远快于 eval 函数。目前,Firefox、Opera、IE8 以上版本都提供了本地 JSON 支持。其中,JSON 解释器提供的函数有:JSON.parse、JSON.stringify。对于不提供本地 JSON 支持的浏览器,可以引入脚本 json2.js 来实现 JSON 转换功能。

JSON.parse 函数可以实现将 JSON 字符串转换为对象:

```
JSON.parse(text[, reviver])
```

参数 text 为要转换为对象的 JSON 字符串,是必选项;而 reviver 是可选项,该参数是个替换函数,即在转换过程中,每个“Key:Value”对是一个节点,遍历的每个节点都将执行该函数,该函数的返回值将替代转换结果的相应节点值。替换函数 reviver 格式如下所示:

```
function(key, value)
```

替换函数中的 this 是当前所遍历到的节点的父节点。当所遍历的是根节点的时候,父节点是个 Object 对象,根节点是该“Key:Value”对的 Value,Key 是空字符串。

参数 Key:当父节点是数组,Key 为数组索引。

参数 Value:“Key:Value”对的 Value。

下面通过【例 4.6】说明 JavaScript 对象与 JSON 字符串的相互转换。

【例 4.6】

```
<!DOCTYPE HTML>
<html>
  <head>
    <meta charset = "utf-8">
```

```
<title>JavaScript 对象与 JSON 字符串的相互转换</title>
<script>
  function InventoryItem(parm) {
    this.Product = parm.Product
    this.Quantity = parm.Quantity;
    this.Price = parm.Price;
    this.Type = parm.Type;
    this.Total = function() {
    return this.Price * this.Quantity;
    }
  }
  function Inventory(parm) {
    this.Date = parm.Date;
    this.Item = parm.Item;
    this.Type = parm.Type;
    this.Total = function() {
      var count = 0;
      for (var key in this.Item) {
      count + = this.Item[key].Total();
      }
      return count;
    }
  }

  var inventoryJSONText =
'{"Date":"2000-01-01","Item":[{"Product":"ProductOne","Quantity":"
10","Price":"10","Type":"InventoryItem"},{"Product":"ProductTwo","
Quantity":"100"," Price":" 20"," Type":" InventoryItem"}]," Type":"
Inventory"}';

  //将 JSON 字符串转换为 JavaScript 对象
  var inventoryObject = JSON.parse(inventoryJSONText, function
(key, value) {
```

```
        var type;
        if (value && typeof value = = = 'object') {
        type = value.Type;
        if (typeof type = = = 'string' && typeof window[type] = = =
'function') {
        return new (window[type])(value);
        }
        }
        return value;
    });


    //输出 JavaScript 对象的信息
    var output = "Product\\t\\tQuantity\\t\\tPrice\\tTotal\\n";
    for (var key in inventoryObject.Item) {
        var item = inventoryObject.Item[key];
        output + = item.Product + "\\t" + item.Quantity + "\\t\\t"
+ item.Price + "\\t" + item.Total() + "\\n";
    }
    output + = "\\t\\t\\t\\t\\t" + inventoryObject.Total();
    alert(output);


    //再将 inventoryObject 对象转换成 JSON 字符串.
    var inventoryJSONTextAgain = JSON.stringify(inventoryObject,
null, 3);
    alert(inventoryJSONTextAgain);
    </script>
  </head>
  <body>
  </body>
</html>
```

上面的代码运行结果如图 4-6 所示。

图 4-6 JavaScript 对象与 JSON 字符串的相互转换

这里需要说明的是 typeof 是一个一元运算符,返回一个字符串,表示操作数的数据类型。typeof 返回值有 6 个:"number""string""boolean""object""function"和"undefined"。使用示例如表 4-4 所示。

表 4-4 typeof 示例

运算	返回值
typeof 123	number
typeof "abc"	string
typeof true	boolean
typeof function() {}	function
typeof null	object
typeof {}	object
typeof []	object
typeof unknownVariable	undefined
typeof undefined	undefined

在 JavaScript 中,典型的特殊数值类型如表 4-5 所示。

表 4-5　JavaScript 中的特殊数字类型

特殊数字类型	含义
Infinity	表示无穷大特殊值
NaN	特殊的非数字值
Number.MAX_VALUE	可表示的最大数字
Number.MIN_VALUE	可表示的最小数字(与零最接近)
Number.NaN	特殊的非数字值
Number.POSITIVE_INFINITY	表示正无穷大的特殊值
Number.NEGATIVE_INFINITY	表示负无穷大的特殊值

以上特殊数值类型,在用 typeof 进行运算时,其结果都将是 number。

2) PHP 对象与 JSON 数据的相互转换

• 将 PHP 对象转换为 JSON 字符串——JSON 数据的编码

```
json_encode ( $ value [ , $ options = 0 ] )
```

参数 $ value 为要编码的值,除了 resource 类型之外,可以为任何数据类型,且该函数只对 UTF8 编码的数据有效;参数 $ options 是可选项,由以下常量组成:JSON_HEX_QUOT、JSON_HEX_TAG、JSON_HEX_AMP、JSON_HEX_APOS、JSON_NUMERIC_CHECK、JSON_PRETTY_PRINT、JSON_UNESCAPED_SLASHES、JSON_FORCE_OBJECT、JSON_UNESCAPED_UNICODE。最常用的是常量 JSON_UNESCAPED_UNICODE(PHP5.4 才支持),其作用是让中文字符在 json_encode 的时候不用编码为 Unicode 码,减少数据传输量。

编码成功则返回一个以 JSON 形式表示的 string,否则返回 FALSE。

例如将一个 PHP 数组转换为 JSON 字符串,可以使用如下代码:

```
$ book = array('a'⇒'xiyouji','b'⇒'sanguo','c'⇒'shuihu','d'⇒'hongloumeng');
$ json = json_encode( $ book);
echo $ json;
```

在上面的代码中,首先定义了一个 PHP 数组 $ book,再使用 json_encode 函数进行 JSON 编码,最后输出 JSON 字符串,浏览器输出结果如下:

```
{"a":"xiyouji","b":"sanguo","c":"shuihu","d":"hongloumeng"}
```

需要注意的是,json_encode()将数字索引数组转为数组格式,而将联合索引关联数组转为对象格式。

• 将 JSON 字符串转换为 PHP 对象——JSON 数据的解码

PHP 中要使用传进来的 JSON 字符串,要使用 json_decode()将字符串转化成 PHP 对象。

```
json_decode ( $ json [, $ assoc = false])
```

参数 $ json 为待解码的数据,必须为 utf8 编码的数据;$ assoc 值为 TRUE 时返回数组,FALSE 时返回对象。

需要注意的是,数组和对象的调用方式不一样,例如:

```
$ book = array('a'⇒'xiyouji','b'⇒'sanguo','c'⇒'shuihu','d'⇒'hongloumeng');
$ json = json_encode( $ book);

$ array = json_decode( $ json,TRUE);
$ obj = json_decode( $ json);
var_dump( $ array['b']);//调用数组元素 $ array['b']
echo '<br/>';
var_dump( $ obj→c);//调用对象元素 $ obj→c
```

在上面的代码中,首先定义了一个 PHP 数组 $ book,其次使用 json_encode 函数进行 JSON 编码,再使用 json_decode 函数分别解码为数组、对象,最后输出。其中输出函数 var_dump(expression)的作用是输出一个变量的详细信息,输出结果为<变量类型(变量长度) 变量值>。

输出结果如下:

```
string(6) "sanguo"
string(6) "shuihu"
```

4.5 jQuery 对 AJAX 的封装

jQuery 对 AJAX 的底层实现做了很好的封装,为我们提供了调用 AJAX 方法的接口,简化了 AJAX 的开发。jQuery 提供的常用的 AJAX 方法有:$ .get()、$ .post()、$ .ajax()和 $ .getJSON()。

4.5.1 $ .get()方法

$.get()方法使用 GET 方式来进行异步请求,它的语法结构为:

```
$.get( url [, data] [, callback] )
```

参数如下所示：

（1）url：string 类型，AJAX 请求的地址。

（2）data：可选参数，object 类型，发送至服务器的 Key/Value 数据对，作为 QueryString 附加到请求 URL 中。

（3）callback：可选参数，function 类型，当 AJAX 返回成功时自动调用该函数。

下面给出 $.get()方法的一个实例。

【例 4.7】定义了一个 HTML 文件和一个服务器端脚本文件 2-get.php。其中，HTML 页面定义了一个 ID 为 result 的 DIV 占位符、一个表单和一个按钮。页面加载时，JSON 字符串获取 ID 分别为 name、age、job 的表单文本框输入值，赋值给 cont 对象，并调用$.get()函数；$.get()方法将 cont 数据传递给 2-get.php 服务器页面，并将返回的 JSON 字符串转换为 JavaScript 对象 res，并利用对象 res 的 name 属性、age 属性、job 属性填充 result 占位符的内容。

【例 4.7】

HTML 文件：

```
<!DOCTYPE HTML>
<html>
  <head>
    <meta charset = "utf-8">
    <title> $.get()实例</title>
    <script type = " text/javascript" src = " jQuery-1. 12. 1. min.
js"></script>
    <script type = "text/javascript">
    $ (function(){
      $ ("#send").click(function(){
        var cont = {username: $ ('#name').val(),age: $ ('#age').val
        (),job: $ ('#job').val()};
      $.get('2-get.php',cont,function(data){
          var res = eval("(" + data + ")");//转为 Object 对象
          $ ("#result").html("姓名-" + res.name +";年龄-" + res.
age +";工作-" + res.job);
      });
    });
```

```
  });
  </script>
</head>
<body>
  <div id = "result">一会看显示结果</div>
  <form id = "my" action = "">
    <p><span>姓名:</span><input type = "text" id = "name"
    /></p>
    <p><span>年龄:</span><input type = "text" id = "age" /
    ></p>
    <p><span>工作:</span><input type = "text" id = "job" /
    ></p>
  </form>
  <button id = "send">提交</button>
</body>
</html>
```

2-get.php

```php
<?php
  header("Content-Type:text/html;charset = utf-8");
  $ username = $ _GET['username'];
  $ age = $ _GET['age'];
  $ job = $ _GET['job'];
  $ json _ arr = array("name" => $ username,"age" => $ age,"job" =>
$ job);
  $ json_obj = json_encode($ json_arr);
  echo $ json_obj;
?>
```

2-get.php 获取 $ _GET 参数 username、age、job，并返回生成 JSON 响应数据。

【例 4.7】初始页面预览效果如图 4-7 所示，输入姓名、年龄、工作等信息，并单击【提交】按钮后，效果如图 4-8 所示。

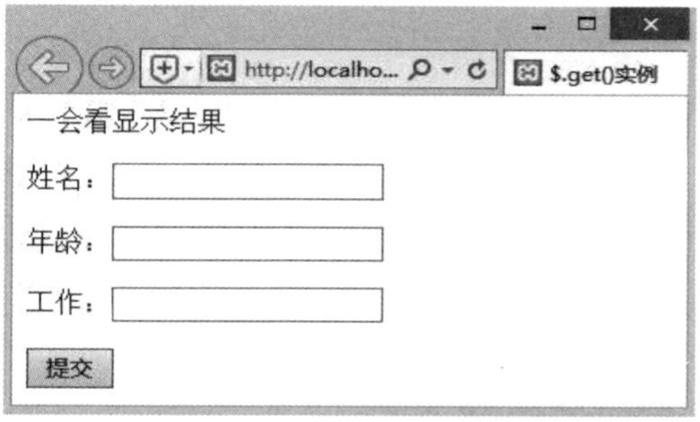

図 4-7　HTML 初始页面

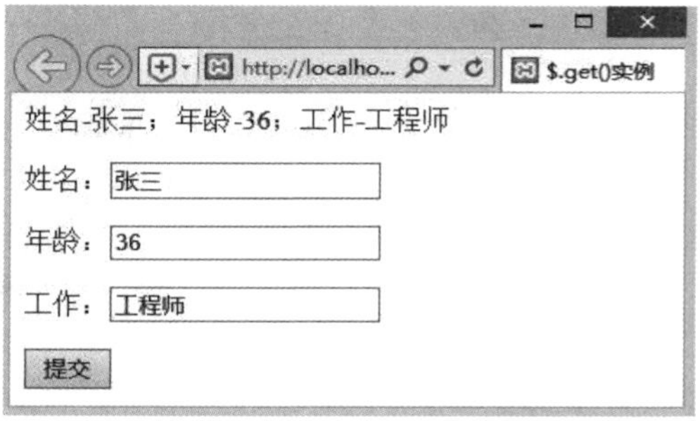

图 4-8　输入信息并提交后的效果

4.5.2　$ .post()

$ .post()方法使用 POST 方式来进行异步请求,它的语法结构为:

```
$ .post(url,[data],[callback],[type])
```

这个方法和 $ .get()的用法差不多,唯独多了一个 type 参数,那么这里就只介绍 type 参数,其他的参考上面 $ .get()的用法。

参数 type 为请求的数据类型,可以是 HTML、XML、JSON 等类型,如果我们设置这个参数为 json,那么返回的格式则是 json 格式的;如果没有设置,就和 $ .get()返回的格式一样,都是字符串的。因此与 $ .get()方法相比, $ .post()方法更灵活,可以发送 html、xml、json 等类型数据。

下面给出 $ .post()方法的一个实例。

【例 4.8】

HTML 文件:

```
<!DOCTYPE HTML>
<html>
<head>
  <meta charset = "utf-8">
  <title> $ .post()实例</title>
  <script type = "text/javascript" src = "jquery-1.12.1.min.js"></
script>
  <script type = "text/javascript">
    $ (function(){
    $ ("#send").click(function(){
      var cont =
```

```
        {username: $ ("input")[0].value,age: $ ("input")[1].value,
job: $ ("input")[2].value};
    var url = '2-post.php';
    $ .post(url,cont,function(data){
    var res = eval("(" + data + ")");//转为 Object 对象
    var str = "姓名-" + res.username + ";年龄-" + res.age + ";工作-" +
res.job;
    $ ("#result").html(str);
  });
  });
  });
    </script>
</head>
<body>
  <div id = "result">一会看显示结果</div>
  <form id = "my" action = "" method = "post">
  <p><span>姓名:</span><input type = "text" name = "username"
/></p>
  <p><span>年龄:</span><input type = "text" name = "age" /></
p>
  <p><span>工作:</span><input type = "text" name = "job" /></
p>
</form>
<button id = "send">提交</button>
</body>
</html>
```

2-post.php：

```php
<?php
  header("Content-type:text/html;charset = utf-8");
  $ username = $ _POST['username'];
  $ age = $ _POST['age'];
  $ job = $ _POST['job'];
```

```
    $ json_arr = array("username"⇒ $ username,"age"⇒ $ age,"job"⇒
$ job);
    $ json_obj = json_encode( $ json_arr);
    echo $ json_obj;
?>
```

【例 4.8】和【例 4.7】类似，不同的是 HTML 页面定义的表单使用 POST 方法；页面加载时，调用 $ .post（）函数。而服务器端脚本文件 2-post.php 与【例 4.7】类似。实例的运行效果也类似，如图 4-9 和图 4-10 所示。

图 4-9　HTML 初始页面　　　　图 4-10　输入信息并提交后的效果

$ .get（）和 $ .post（）方法都是 jQuery 对 AJAX 的封装，实现功能类似。然而，在以下情况中，只能使用 $ .post（）方法：

（1）无法使用缓存文件（更新服务器上的文件或数据库）。

（2）向服务器发送大量数据（POST 方法没有数据量限制）。

（3）发送包含未知字符的用户输入时，POST 方法比 GET 方法更稳定也更可靠。

（4）接收返回信息。

4.5.3　$ .ajax（）

虽然 $ .get（）和 $ .post（）方法非常简洁易用，但是对于更复杂的一些设计需求还是无法实现，比如在 AJAX 发送的不同时段做出不同的动作等，这时就要用到 $ .ajax（）方法。

$ .ajax（）方法是 jQuery 对 AJAX 的封装，通过 HTTP 请求加载远程数据，它的语法结构为：

```
$ .ajax(options)
```

参数 options 是一个 object 类型，指明了 AJAX 调用的具体参数，详细参数选项如表 4-6 所示。

表 4-6 ＄.ajax 方法的参数

参数名	类型	描述
url	String	发送请求的地址
type	String	请求方式"POST"或"GET"，默认为"GET"
timeout	Number	设置请求超时时间(毫秒)。此设置将覆盖全局设置
async	Boolean	默认值 TRUE 为异步请求，FALSE 为同步请求。如果是同步请求将锁住浏览器，用户其他操作必须等待请求完成才可以执行
beforeSend	Function	发送请求前可修改 XMLHttpRequest 对象的函数：function (XMLHttpRequest){}
cache	Boolean	默认为 TRUE。如果设置为 FALSE 将不会从浏览器缓存中加载请求信息
complete	Function	请求完成后的回调函数(请求成功或失败时均调用)，function (XMLHttpRequest，textStatus){}
contentType	String	发送信息至服务器时的编码类型。默认值为"application/x-www-form-urlencoded"，适合大多数应用场合
data	Object，String	发送到服务器的数据。将自动转换为请求字符串格式，GET 请求中将附加在 URL 后，必须为 Key/Value 格式
dataType	String	预期服务器返回的数据类型。如果不指定，jQuery 将自动根据 HTTP 包 MIME 信息返回 responseXML 或 responseText，并作为回调函数参数传递，可用值："xml"：返回 XML 文档，可用 jQuery 处理；"html"：返回纯文本 HTML 信息；包含 script 元素；"script"：返回纯文本 JavaScript 代码。不会自动缓存结果；"json"：返回 JSON 数据；"jsonp"：JSONP 格式
error	Function	请求失败时将调用此方法，function (XMLHttpRequest，textStatus，errorThrown){}
global	Boolean	是否触发全局 AJAX 事件。默认值为 TRUE，如果设置为 FALSE 将不会触发全局 AJAX 事件，如 AJAXStart 或 AJAXStop 。可用于控制不同的 AJAX 事件
ifModified	Boolean	默认值为 FALSE，仅在服务器数据改变时获取新数据
processData	Boolean	默认值为 TRUE，发送的数据将被转换为对象，如果要发送 DOM 树信息或其他不希望转换的信息，请设置为 FALSE

（续表）

参数名	类型	描述
success	Function	请求成功后的回调函数： function（data，textStatus）{}

beforeSend，success，complete，error 为 AJAX 事件参数，可以通过定义这些事件来很好地处理我们的每一次 AJAX 请求。

$ .ajax()、$ .get()、$ .post()这三个方法其实是一个方法，配置 $ .ajax()的参数 type 为 get 或 post 方法，分别对应于 $ .get()、$ .post()方法。

【例 4.9】使用 $ .ajax()方法实现了类似于【例 4.7】、【例 4.8】的功能，并且后台也是调用【例 4.8】的服务器端脚本文件 2-post.php。

【例 4.9】

```
<!DOCTYPE HTML>
<html>
<head>
  <meta charset = "utf-8">
  <title>php + jquery + ajax + json 实例</title>
  <script type = "text/javascript" src = "jquery-1.12.1.min.js"></script>
  <script type = "text/javascript">
  $ (function(){
  $ ("#send").click(function(){
  var cont = $ ("input").serialize();
  $ .ajax({
    url:'2-post.php',
    type:'post',
    dataType:'json',
    data:cont,
    success:function(data){
    var str =  "姓名-" + data.username +"; 年龄-" + data.age +"; 工作-" + data.job;
      $ ("#result").html(str);
  }
```

```
    });
    });
    });
    </script>
</head>
<body>
    <div id = "result">一会看显示结果</div>
    <form id = "my" action = "" method = "post">
        <p><span>姓名:</span><input type = "text" name = "
username" /></p>
        <p><span>年龄:</span><input type = "text" name = "age"
/></p>
        <p><span>工作:</span><input type = "text" name = "job"
/></p>
    </form>
<button id = "send">提交</button>
</body>
</html>
```

在上面的代码中,serialize()方法用于将表单对象的所有值都转换为字符串序列,如果输入参数如图 4 - 10 所示,则 serialize()结果为"username＝李四&age＝28&job＝学生"。

4.5.4 ＄.getJSON()

＄.getJSON()是专门为 AJAX 获取 JSON 数据而设置的,并且支持跨域调用,其语法的格式为:

```
$.getJSON(url,[data],[callback])
```

参数如下所示:

(1) url:必选参数,string 类型,请求地址。

(2) data:可选参数,待发送 Key/value 数据,同 ＄.get()、＄.post()的参数 data 用法一致。

(3) callback:可选参数,这是一个回调函数,用于处理请求到的数据,同 ＄.get(),＄.post()的回调函数 callback 用法一致。

＄.getJSON()方法主要用来从服务器加载 JSON 编码的数据,它使用的是 GET 方法,是 ＄.ajax()方法的一个简化版本,用法与 ＄.get()、＄.post()、

$.ajax()用法类似,具体用法可以参考综合示例 2。

4.6　综合示例 1——综合应用 AJAX 的 3 种 jQuery 封装方法

本例将使用 $.ajax()、$.post()、$.get(),轻松实现 AJAX 无刷新技术。具体步骤如下。

第一步:分析需求。

网页由 DIV 占位符、1 个 form 表单、3 个按钮组成。当单击【提交】、【POST 提交】、【GET 提交】按钮时,分别调用 $.ajax()、$.post()、$.get()方法,实现在 DIV 占位符中输出在 form 表单中输入的信息。本例完成后,当输入表单信息后,单击【提交】、【POST 提交】、【GET 提交】按钮时,显示效果分别如图 4-11 中(a)、(b)、(c)所示。

(a)【提交】调用 $.ajax()　　(b)【POST 提交】调用 $.post()　　(c)【GET 提交】调用 $.get()

图 4-11　AJAX 的 3 种方法

第二步:创建 HTML 网页,如下所示。

HTML 网页:

```
<!DOCTYPE HTML>
<html>
  <head>
    <meta charset = "utf-8">
    <title>综合示例 1</title>
```

```
    <script language = "javascript" src = "jquery-1.12.1.min.js"></
script>
    <body>
    <div id = "result" style = "background:orange;border:1px solid
red;width:300px;
        height:200px;"></div>
    <form id = "formtest" action = "" method = "post">
    <h1><p>请输入:</p></h1>
    <p><span>姓名:</span><input type = "text" name = "
username" id = "input1" /></p>
    <p><span>年龄:</span><input type = "text" name = "age" id
= "input2" /></p>
    <p><span>性别:</span><input type = "text" name = "sex" id
= "input3" /></p>
    <p><span>工作:</span><input type = "text" name = "job" id
= "input4" /></p>
    </form>
    <button id = "send_ajax">提交</button>
    <button id = "test_post">POST 提交</button>
    <button id = "test_get">GET 提交</button>
    </body>
    </html>
```

第三步:在上述 HTML 文件的<head>标记内编写代码,实现当单击【提交】按钮时,触发 $.ajax()方法,在 DIV 占位符中输出 form 表单输入的信息,代码如下所示。

```
<script language = "javascript">
 $(document).ready(function ()
 {
   $('#send_ajax').click(function (){
   var params = $('input').serialize(); //序列化表单的值
   $.ajax({
     url:'1-ajax_json.php', //后台处理程序
     type:'post',         //数据发送方式
```

```
        dataType:'json',        //接受数据格式
        data:params,            //要传递的数据
        success:update_page     //回传函数(这里是函数名)
    });
    });
});

function update_page (json)    //回传函数实体
{
    var str = "姓名:" + json.username + "<br />";
    str + = "年龄:" + json.age + "<br />";
    str + = "性别:" + json.sex + "<br />";
    str + = "工作:" + json.job + "<br />";
    str + = "追加测试:" + json.append;
    $ ("#result").html(str);
}
</script>
```

当网页加载时,在 $(document).ready() 中处理【提交】按钮的单击事件。serialize() 函数取得表单中输入信息,并赋值给对象 params,调用 $ .ajax() 方法;而 update_page 函数作为 $ .ajax() 方法的回调函数,处理响应 JSON 数据,并输出到网页 DIV 占位符。

第四步:实现服务器端脚本文件 1-ajax_json.php。代码如下所示。

1-ajax_json.php 代码:

```
<?php
    $ arr = $ _REQUEST;
    $ arr['append'] = '测试字符串';
    $ myjson = json_encode( $ arr);
    echo $ myjson;
?>
```

在上面的代码中,取得请求参数后,附加'append'键/值对,经过 JSON 编码后返回给客户端。

第五步:实现当单击【POST 提交】按钮时,触发 $ .post() 方法,在 DIV 占位符中输出 form 表单输入的信息,代码如下所示。

```
$(document).ready(function ()
{
  $('#send_ajax').click(function (){
  ….
  });

  //实现$.post()方式:
  $('#test_post').click(function (){
  $.post(
    '1-ajax_json.php',
    {
    username: $('#input1').val(),
    age: $('#input2').val(),
    sex: $('#input3').val(),
    job: $('#input4').val()
    },
  function (data) //回调函数
  {
    var myjson = '';
    eval('myjson = ' + data + ';');
    $('#result').html("姓名:" + myjson.username + "<br/>工作:"
+ myjson['job']);
  }
  );
  });
  ….
});
```

在第三步的$(document).ready()中添加【POST 提交】按钮的单击事件。取得 form 表单中 4 个文本框的信息,作为$.post()的参数;在$.post()的回调函数中,处理响应数据 data,并输出到网页 DIV 占位符。

第六步:实现当单击【GET 提交】按钮时,触发$.get()方法,在 DIV 占位符中输出 form 表单输入的信息,代码如下所示。

```
$(document).ready(function ()
{
  ….
  //实现$.get()方式:
  $('#test_get').click(function ()
  {
  $.get(
  '1-ajax_json.php',
  {
    username: $("#input1").val(),
    age: $("#input2").val(),
    sex: $("#input3").val(),
    job: $("#input4").val()
  },
  function(data) //回传函数
  {
    var myjson = '';
    eval("myjson = " + data + ";");
    $("#result").html(myjson.job);
  }
  );
  });
  ….
});
```

　　在第三步的 $(document).ready() 中添加【GET 提交】按钮的单击事件。取得 form 表单中 4 个文本框的信息,作为 $.get() 的参数;在 $.get() 的回调函数中,获取响应数据 data 的 job 值,并输出到网页 DIV 占位符。

　　运行网页,效果如图 4-11 所示。

4.7　综合示例 2——AJAX 无刷新获取 MySQL 数据

　　本例将综合应用前面所学的 jQuery、AJAX、JSON、PHP、MySQL 相关知识,演示 jQuery 通过 AJAX 向 PHP 服务器端发送请求并返回 JSON 数据。

图 4-12　无刷新获取数据库信息　　图 4-13　MySQL 数据库'AJAX'中的表'user'

　　第一步：分析需求。网页由一个 ID 为 info 的 DIV 层和一个 ID 为 userlist 的无序列表组成，而无序列表包含 3 个链接，当单击链接时，通过 AJAX 向 PHP 服务器端发送请求，获取 MySQL 数据库中的相应信息，并返回 JSON 数据，效果分别如图 4-12 所示。当单击"小李"链接时，无刷新获取数据库中小李的信息，并显示在 DIV 层中。

　　第二步：创建 HTML 网页，包含一个用户详细信息层 ♯info、一个用户姓名列表 ul ♯ userlist 和定义。

　　HTML 网页：

```html
<!DOCTYPE HTML>
<html>
  <head>
    <meta charset = "utf-8">
    <title>综合示例 2</title>
  </head>
  <body>
<div id = "info">
    <p>姓名:<span id = "name"></span></p>
    <p>性别:<span id = "sex"></span></p>
    <p>电话:<span id = "tel"></span></p>
    <p>邮箱:<span id = "email"></span></p>
</div>
<ul id = "userlist">
    <li><a href = "♯" rel = "1">小张</a></li>
```

```
    <li><a href = "#" rel = "2">小李</a></li>
    <li><a href = "#" rel = "3">小王</a></li>
  </ul>
  </body>
</html>
```

　　值得注意的是,每个<a>标记设置了属性"rel"并赋值,这个很重要,将在
jQuery 中使用。

　　第三步:在第二步创建的 HTML 文件的<head>标记内,设置用户列表和
用户详细信息的显示外观,代码如下所示。

```
<style type = "text/css">
  #userlist{margin:4px; height:42px; list-style-type:none}
  # userlist li { float: left; width: 80px; line-height: 42px; height:
42px; font-size:14px;
  font-weight:bold}
  # info { clear: left; padding: 6px; border: 1px solid # b6d6e6;
background: # e8f5fe}
  # info p{line-height:24px}
</style>
```

　　第四步,在第二步创建的 HTML 文件的<head>标记内,编写 jQuery 代
码,如下所示。

```
<script type = "text/javascript" src = "jquery-1.12.1.min.js"></
script>
<script type = "text/javascript">
  $ (function(){
    $ ("#userlist a").bind("click",function(){
      var hol = $ (this).attr("rel");
      var data = "id = " + hol;

        $ . getJSON ( "3-JSON. php? t = " + Math. random ( ), data, function
(jsonData){
          $ ("#name").html(jsonData.name);
          $ ("#sex").html(jsonData.sex);
          $ ("#tel").html(jsonData.tel);
```

```
        $("#email").html(jsonData.email);
      });
    });
  });
</script>
```

用户列表的每个<a>标签都绑定一个 click 事件,当单击用户姓名时,获取当前标签的属性"rel"的值,并组成一个数据串:var data= " id= "+ hol,接着通过 $.getJSON()向服务器端 3-JSON.php 发送 JSON 请求,得到后台响应 jsonData 数据,并将得到的数据显示在用户详细信息中。

第五步:在 MySQL 数据库中创建表 user,代码如下所示。

```
Database: 'ajax'

--
-- 表的结构 'user'
--

CREATE TABLE IF NOT EXISTS 'user' (
  'id' int(11) NOT NULL AUTO_INCREMENT,
  'username' varchar(100) NOT NULL,
  'sex' varchar(6) NOT NULL,
  'tel' varchar(50) NOT NULL,
  'email' varchar(64) NOT NULL,
  PRIMARY KEY ('id')
) ENGINE = MyISAM   DEFAULT CHARSET = utf8 AUTO_INCREMENT = 4 ;


--
-- 转存表中的数据 'user'
--

INSERT INTO 'user' ('id', 'username', 'sex', 'tel', 'email') VALUES
(1, '小张', '男', '13700001370', 'abc@126.com'),
(2, '小李', '女', '13800001380', 'lmn@126.com'),
(3, '小王', '男', '13900001390', 'xyz@126.com');
```

第六步:编写后台服务器端脚本文件 3-JSON.php。后台 3-JSON.php 得到前端的 AJAX 请求后,通过传递的参数查询用户表,将相应的用户信息转换成一个数组 $ list,最后将数组转换成 JSON 数据。

3-JSON.php 代码:

```php
<?php
include_once("connect.php"); //连接数据库
error_reporting(0);
header("Content-Type:text/html;charset=utf-8");
$ id = intval( $ _GET[id]);
$ query = mysql_query("select * from user where id = ". $ id);
$ row = mysql_fetch_array( $ query);
$ list = array("name"=> $ row[username],"sex"=> $ row[sex],"tel"=>
$ row[tel],"email"=> $ row[email]);
$ json_obj = json_encode( $ list);
echo $ json_obj;

?>
```

上面的代码中,connect.php 数据连接省略,请大家自行建立数据连接。"error_reporting(0);"语句作用是禁用错误报告,这非常重要。

通过这个例子,可以知道 jQuery 通过 AJAX 向服务器端发送 JSON 请求,使用方法 $ .getJSON 非常方便简单。并且可以将服务端返回的数据进行解析,得到相应字段信息,处理更加方便快捷。

习题

一、选择题

1. AJAX 术语是由_____公司或组织最先提出的。

    A. Google　　　　　　　　　　B. IBM

    C. Adaptive Path　　　　　　　D. Dojo Foundation

2. AJAX 的优势不包括_____。

    A. 优秀的用户体验　　　　　　B. 提高 Web 程序的性能

    C. 不需要插件支持　　　　　　D. 减轻了客户端负担

3. 用方法$.ajax()发送请求时,参数中的_____属性用于设定请求的地址。

    A. data　　　　　B. url　　　　　C. timeout　　　　D. content-type

4. 以下_____技术不是 AJAX 技术体系的组成部分。

    A. XMLHttpRequest   B. DHTML

    C. CSS   D. DOM

5. 在 AJAX 的 DOM，CSS，JavaScript，XMLHttpRequest 这 4 种技术中，控制文档结构的是_____。

    A. DOM   B. CSS

    C. JavaScript   D. XMLHttpRequest

6. 在 AJAX 的 DOM，CSS，JavaScript，XMLHttpRequest 这四种技术中，控制通信的是_____。

    A. DOM   B. CSS

    C. JavaScript   D. XMLHttpRequest

7. 在 AJAX 的 DOM，CSS，JavaScript，XmlHttpRequest 这四种技术中，JavaScript 的主要作用是_____。

    A. 控制页面显示风格   B. 控制文档结构

    C. 控制通信   D. 控制其他的 3 个对象

8. XMLHttpRequest 对象的 readyState 属性有_____个状态值。

    A. 3   B. 4   C.5   D. 6

9. XMLHttpRequest 对象的 readyState 属性值为_____时，代表请求成功，数据接收完毕。

    A. 0   B.1   C.2   D. 3   E. 4

10. XMLHttpRequest 对象的 status 属性表示当前请求的 HTTP 状态码，其中_____表示正确返回。

    A. 200   B. 300   C. 500   D. 404

11. 当 XMLHttpRequest 对象的状态发生改变时，调用 callBackMethod 函数，下列正确的是_____。

    A. xmlHttpRequest.callBackMethod＝onreadystatechange；

    B. xmlHttpRequest.onreadystatechange（callBackMethod）；

    C. xmlHttpRequest.onreadystatechange（newfunction（）｛callBackMethod｝）；

    D. xmlHttpRequest.onreadystatechange＝callBackMethod；

12. 以下_____是 XMLHttpRequest 对象的属性。

    A. onreadystatechange   B. abort

    C. responseText   D. status

13. 下面_____不是 XMLHttpRequest 对象的方法。

    A. open（）   B. send（）   C. readyState   D. responseText

14. 下列用 JSON 表示的对象, 定义正确的是 _____。

  A.｛age:30｝ B.｛age:"30"｝ C.｛'age':30｝ D.｛"age":30｝

15. 以下 _____ 函数不是 jQuery 内置的与 AJAX 相关的函数。

  A. $ .ajax() B. $ .get() C. $ .post() D. $ .each()

二、写出下列程序的输出结果。

1.

```php
<?php
$ arr = array ('a'=>1,'b'=>2,'c'=>3,'d'=>4,'e'=>5);
echo json_encode( $ arr);
?>
```

2.

```php
<?php
$ obj->body           = 'another post';
$ obj->id             = 21;
$ obj->approved       = true;
$ obj->favorite_count = 1;
$ obj->status         = NULL;
echo json_encode( $ obj);
?>
```

3.

```php
<?php
$ arr = Array('one', 'two', 'three');
echo json_encode( $ arr);
?>
```

4.

```php
<?php
$ arr = Array('1'=>'one', '2'=>'two', '3'=>'three');
echo json_encode( $ arr);
?>
```

5.

```php
<?php
class Foo {
  const     ERROR_CODE = '404';
  public    $ public_ex = 'this is public';
  private   $ private_ex = 'this is private!';
  protected $ protected_ex = 'this should be protected';
  public function getErrorCode() {
    return self::ERROR_CODE;
  }
}
$ foo = new Foo;
$ foo_json = json_encode( $ foo);
echo $ foo_json;
?>
```

6.

```php
<?php
$ json = '{"foo": 12345}';
$ obj = json_decode( $ json);
print $ obj->{'foo'};
?>
```

7.

```php
<?php
$ json = '{"a":1,"b":2,"c":3,"d":4,"e":5}';
var_dump(json_decode( $ json));
?>
```

8.

```php
<?php
$ json = '{"a":1,"b":2,"c":3,"d":4,"e":5}';
var_dump(json_decode( $ json,true));
?>
```

9.

```php
<?php
var_dump(json_decode("Hello World"));
?>
```

10.

```php
<?php
$arr = array('key'⇒'中文/同时生效');
var_dump(json_encode($arr,320));
?>
```

三、写出下列程序的输出结果，并说明理由。

1.

```php
<?php
$json1 = "{ 'bar': 'baz' }";   json_decode($json1);
$json2 = '{ bar: "baz" }';     json_decode($json2);
$json3 = '{ "bar": "baz", }';  json_decode($json3);
?>
```

2.

```php
<?php
echo json_encode("中文");
?>
```

四、论述题

1. 什么是 AJAX？为什么要使用 AJAX？
2. AJAX 最大的特点是什么？
3. AJAX 应用和传统 Web 应用有什么不同？
4. AJAX 和 JavaScript 的区别是什么？
5. 请说明 XMLHttpRequest 对象的常用方法和属性。

下篇　实践篇

第 5 章

Dreamweaver 开发动态网站

Adobe Dreamweaver 是比较成熟的设计与开发 Web 网站的集成开发环境。由于 Dreamweaver 提供了一系列易于使用的可视化向导，可以快速开发动态网站，而且基本不用手工编写代码，所以非常适合初学者开发动态网站。

5.1 创建 MySQL 数据库

开发动态网站，首先要创建后台数据库，本章将导入【例 3.16】中创建的数据库。由于数据库服务器的更换、数据库系统的升级等原因，往往需要将 MySQL 数据库中的数据导出到 sql 文本文件、XML 文件或者 HTML 文件等外部存储文件中，再将这些外部存储文件导入新的数据库系统。数据库数据导入与导出的过程类似，这里仅讲述数据库的导入。

本例将【例 3.16】创建的数据库导出文件 user.sql 导入 MySQL 数据库。导出文件 user.sql 如下所示：

```
-- phpMyAdmin SQL Dump
-- version 4.1.6
-- http://www.phpmyadmin.net
--
-- Host: 127.0.0.1
-- Generation Time: 2016-05-16 04:43:08
-- 服务器版本: 5.6.16
-- PHP Version: 5.5.9


SET SQL_MODE = "NO_AUTO_VALUE_ON_ZERO";
SET time_zone = " + 00:00";
```

```
--
-- Database: 'ajax'
--
-- 表的结构 'user'
--

CREATE TABLE IF NOT EXISTS 'user' (
  'id' int(11) NOT NULL AUTO_INCREMENT,
  'username' varchar(100) NOT NULL,
  'sex' varchar(6) NOT NULL,
  'tel' varchar(50) NOT NULL,
  'email' varchar(64) NOT NULL,
PRIMARY KEY ('id')
) ENGINE = MyISAM   DEFAULT CHARSET = utf8 AUTO_INCREMENT = 4 ;


--
-- 转存表中的数据 'user'
--
INSERT INTO 'user' ('id', 'username', 'sex', 'tel', 'email') VALUES
(1, '小张', '男', '13700001370', 'abc@126.com'),
(2, '小李', '女', '13800001380', 'lmn@126.com'),
(3, '小王', '男', '13900001390', 'xyz@126.com');
```

具体操作步骤如下所示：

第一步：参考【例 3.16】，进入 phpMyAdmin。

第二步：创建数据库 ajax。在 phpMyAdmin 页面，单击左侧的【New】→在右侧输入"ajax"，并在下拉列表中选择"utf8_unicode_ci"→单击右侧【创建】按钮，如图 5-1 所示。

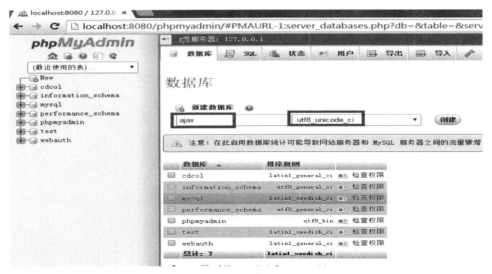

图 5-1 创建数据库 ajax

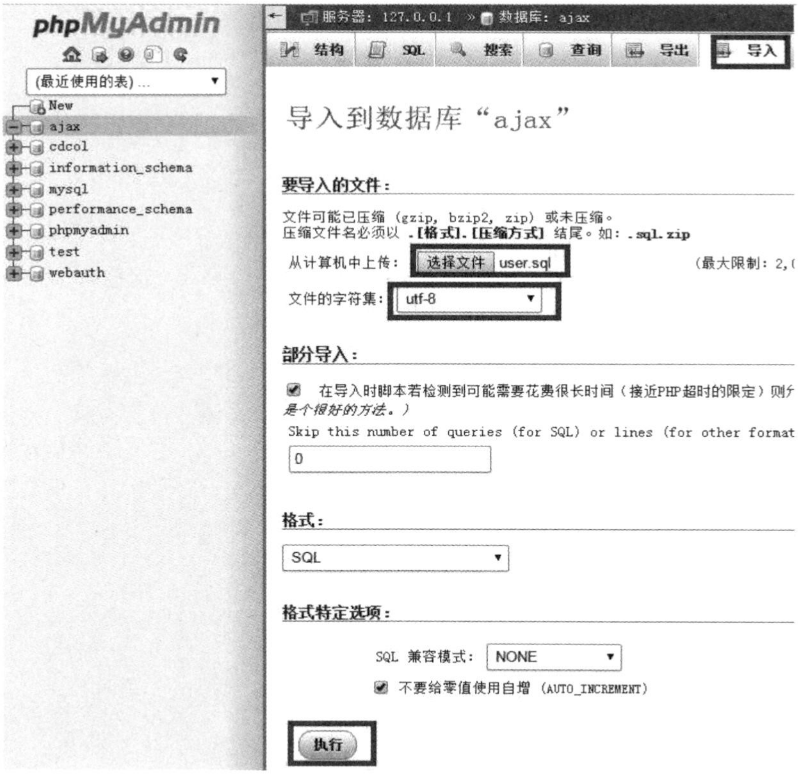

图 5-2 导入 user.sql

第三步：导入 user.sql。在 phpMyAdmin 页面，单击左侧的数据库【ajax】→单击右侧的【导入】按钮→单击"从计算机中上传"右侧的【选择文件】按钮，选择 user.sql→在"文件的字符集"右侧的下拉列表中选择【utf-8】→单击【执行】按钮，如图 5-2 所示。

第四步：查看导入的 user 表。在 phpMyAdmin 页面，单击左侧【ajax】数据库左边的【＋】，展开【ajax】数据库→单击【user】表→在页面的右侧显示导入的数据，如图 5-3 所示。

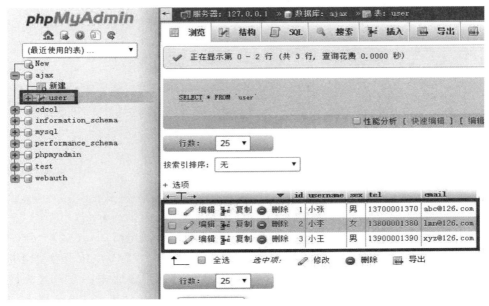

图 5-3　查看【user】表

5.2　动态开发实例——动态显示单条记录 & 动态表格

在 Dreamweaver 中，可以通过可视化的操作直接创建动态网页。开发动态网页的步骤如下：① 创建表单；② 设置数据库连接；③ 绑定记录集；④ 动态开发：显示单条记录、动态表格、用户身份认证等。

本例在 Dreamweaver 环境下，以 5.1 节导入 MySQL 系统中的 user 表为基础，采用 PHP 完成两项任务：①动态显示 user 表的单条记录；②动态表格方式显示 user 表的数据。

具体操作步骤如下所示：

第一步：在 Dreamweaver 中，新建站点 MySQL（建立站点的方法详见第 3 章），并创建空白网页 1.php，如图 5-4 所示。

第二步：创建表单，如图 5-5 所示。在 1.php 的＜body＞标记内部，添加代码如下：

```
<p>姓名： <input name = "username" type = "text" /></p>
<p>性别： <input name = "sex" type = "text" /></p>
<p>电话： <input name = "tel" type = "text"/></p>
<p>Email： <input name = "email" type = "text" /></p>
```

图 5-4　新建站点 MySQL

图 5-5　创建表单

第三步：设置数据库连接。单击菜单【窗口】，选择【数据库】→弹出如图 5-6 (a)所示的对话框，单击【数据库】下方的【＋】按钮，选择【MySQL 连接】→弹出如图 5-6(b)所示的对话框，在【连接名称】内输入"test"，在【MySQL 服务器】中输入"127.0.0.1"，在【用户名】中输入"root"，在【密码】中输入密码，单击【数据库】右侧的【选取...】按钮，选择 ajax 数据库，单击右侧【确定】按钮→数据库窗口如图 5-6(c)所示。

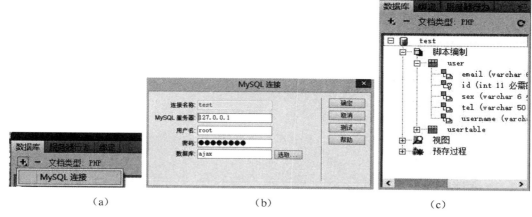

（a）　　　　　　　　　　（b）　　　　　　　　　　（c）

图 5-6　设置数据库连接

绑定了数据源之后，在 MySQL 站点下，会自动生成一个文件夹【Connections】，并在该文件夹下面生成与数据库连接名称同名的 PHP 文件，在这里生成 test.php 文件，如图 5-7 所示。可以看到，在自动创建的 test.php 文件中，使用 mysql_pconnect() 函数创建了一个持久连接。mysql_pconnect() 和 mysql_connect() 非常相似，但有 2 个主要区别：

（1）当连接的时候，mysql_pconnect() 函数将先尝试寻找一个在同一个主机上用同样的用户名和密码已经打开的(持久)连接，如果找到，则返回此连接标识而不打开新连接。

（2）当脚本执行完毕后，到 SQL 服务器的连接不会被关闭，此连接将保持打开状态方便以后使用。mysql_close() 不会关闭由 mysql_pconnect() 建立的连接。

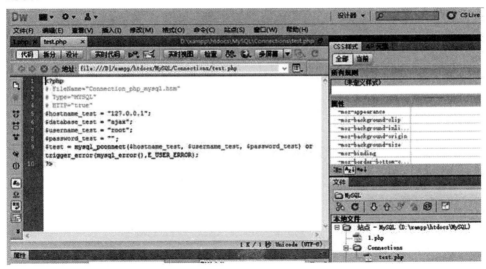

图 5-7　test.php 文件

需要注意的是，因为数据库 user 表存储了中文字符，为了正确显示中文字符，则要在自动创建的 test.php 文件的最后补充一条语句：

```
mysql_query("set names 'utf8'");
//设定 MYSQL 连接编码,确保正确显示中文字符
```

这时，完整的 test.php 文件如图 5-8 所示。

```php
<?php
# FileName="Connection_php_mysql.htm"
# Type="MYSQL"
# HTTP="true"
$hostname_test = "127.0.0.1";
$database_test = "ajax";
$username_test = "root";
$password_test = "";
$test = mysql_pconnect($hostname_test, $username_test, $password_test) or
  trigger_error(mysql_error(),E_USER_ERROR);
mysql_query("set names 'utf8'");
?>
```

图 5-8　完整的 test.php 文件

第四步：绑定记录集。在图 5-9(a)所示的对话框中，选择【绑定】，单击【＋】，选择【记录集（查询）】→弹出如图 5-9(b)所示的对话框，在【连接】右侧的下拉列表中选择第三步创建的"test"，在【表格】右侧的下拉列表中选择"user"，单击右侧的【确定】按钮。

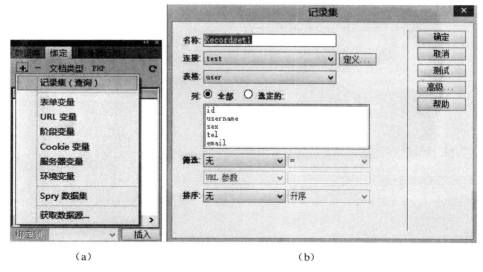

(a) 　　　　　　　　　　　　　　(b)

图 5-9　绑定记录集

第五步：显示单条数据。打开 1.php 源代码，将编辑区设置为设计模式→选择"姓名"右边的文本框→在【绑定】窗口，单击【username】→在【绑定】窗口的右下角，单击【绑定】按钮，如图 5-10(a)所示。用同样的方法绑定其他 3 个文本框，绑定之后如图 5-10(b)所示。

第六步：保存→运行→查看效果。选中 1.php 文件，按【F12】运行，效果如

图 5-11所示。

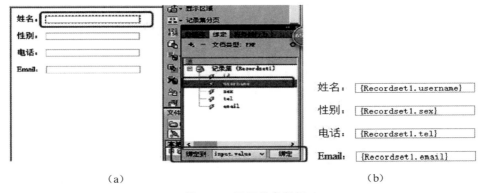

（a）　　　　　　　　　　　　　　　　　（b）

图 5-10　显示单条数据

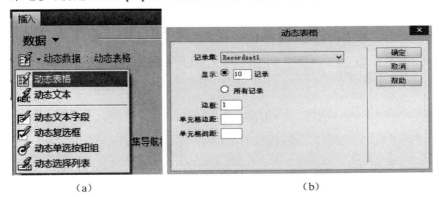

图 5-11　显示单条数据

第七步：新建 table.php，并重复"第四步：绑定记录集"。

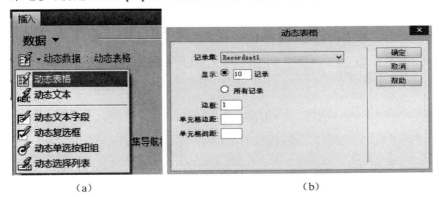

（a）　　　　　　　　　　　　　　　（b）

图 5-12　插入动态表格

第八步：插入动态表格。打开 table.php 源代码，将编辑区设置为设计模式→

单击菜单【窗口】,选择【插入】→弹出如图 5-12(a)所示对话框,单击插入下方的【▼】,选择【数据】,拉动右侧滚动条,选中【动态数据:动态表格】→选择【动态表格】→弹出如图 5-12(b)所示对话框,单击右侧【确定】按钮。

第九步:插入记录集导航条。在设计区把光标定位在动态表格下方,如图 5-13(a)所示→在【插入】窗口,选择【数据】,拉动右侧滚动条,选中【显示记录计数:记录集导航状态】→弹出如图 5-13(b)所示对话框,单击右侧【确定】按钮。

第十步:保存→运行→查看效果。选中 table.php 文件,按【F12】运行,效果如图 5-14 所示。

（a）   （b）

图 5-13   插入记录集导航条

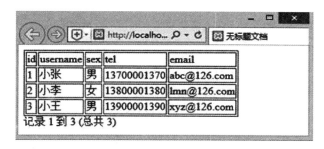

图 5-14   动态表格

5.3   动态开发实例——用户身份认证

本例在 Dreamweaver 环境下,以 5.1 节导入 MySQL 系统的 user 表为基础,在静态网页的基础上,开发用户身份认证功能,效果如图 5-15 所示。

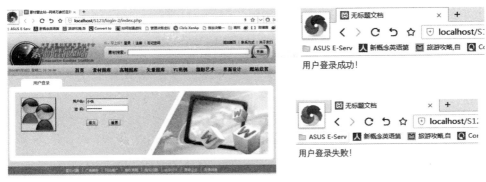

图 5-15　用户身份认证

具体操作步骤如下所示：

第一步：导入静态网页素材。在站点 MySQL 中的根目录，拷入素材文件夹【login】。

第二步：打开文件夹【login】下面的 index.html 文件→打开【数据库】窗口，单击【文档类型】链接，弹出如图 5-16(a)所示对话框，在下拉列表中选择【php】→如图 5-16(b)所示，单击【数据库】下方的【＋】按钮，选择【MySQL 连接】→弹出 5-16(c)所示对话框，在【连接名称】内输入"login"，在【MySQL 服务器】中输入"127.0.0.1"，在【用户名】中输入"root"，在【密码】中输入密码，单击【数据库】右侧的【选取...】按钮，选择 ajax 数据库，单击右侧【确定】按钮。

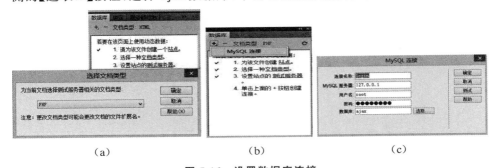

　(a)　　　　　　　　　　(b)　　　　　　　　　　(c)

图 5-16　设置数据库连接

第三步：绑定记录集。在图 5-17(a)所示的对话框中，选择【绑定】，单击【＋】，选择【记录集(查询)】→弹出如图 5-17(b)所示的对话框，在【连接】右侧的下拉列表中选择第二步已经创建的"login"，在【表格】右侧的下拉列表中选择"user"，单击右侧的【测试】按钮，弹出对话框显示数据库 user 表中数据。

（a） （b）

图 5-17 绑定记录集

第四步：绑定了数据库之后，会自动生成一个与数据库连接名称同名的 PHP 文件，在这里生成 login.php 文件。因为数据库 user 表存储了中文字符，为了正确显示中文字符，所以要在 login.php 文件中设定 MYSQL 连接编码，打开 login.php 文件，在文件的最后输入如下代码，如图 5-18 所示。

```php
mysql_query("set names 'utf8'");
```

图 5-18 设置字符集

第五步：动态身份认证。如图 5-19 所示，双击 index.php 文件，将编辑区设置为拆分模式，在设计区选中 form 表单→在【数据库】窗口中，选择【服务器行为】|＋

|用户身份验证|登录用户】。

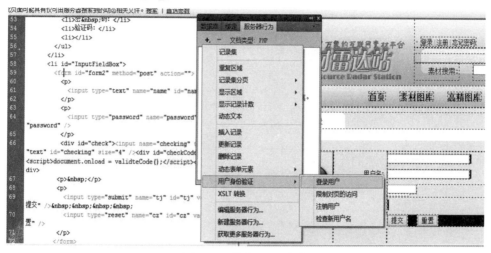

图 5-19　选中 form 表单

这时会弹出如图 5-20 所示的对话框,在该对话框中确认各选项的设置是否正确。【从表单获取输入】右侧下拉列表中设置为"form2",【用户名字段】右侧下拉列表中设置为"name",【密码字段】右侧下拉列表中设置为"password";【使用连接验证】右侧下拉列表中设置为"login",【表格】右侧下拉列表中设置为"user",【用户名列】右侧下拉列表中设置为"username",【密码列】右侧下拉列表中设置为"tel";单击【如果登录成功,转到】右侧的【浏览】按钮,选择"login_succeed.html"文件,单击【如果登录失败,转到】右侧的【浏览】按钮,选择"login_fail.html"文件;在【基于以下项限制访问】选择"用户名和密码"。

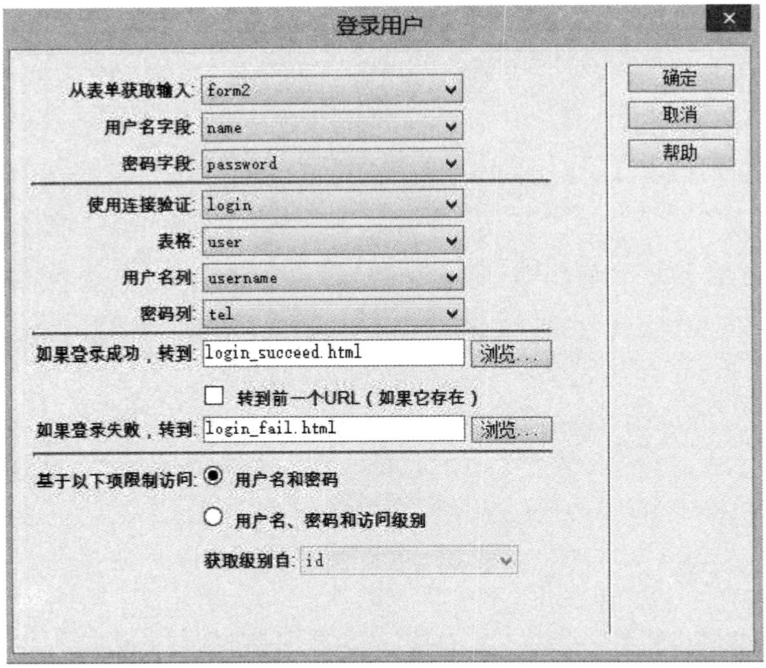

图 5-20 登录用户

第六步:保存→运行→查看效果。选中 index.php 文件,按【F12】运行,效果如图 5-21 所示。如果在网页的用户名、密码中分别输入数据库【user】表中某用户的【username】、【tel】字段,会跳转页面,提示"用户登录成功!",否则会跳转页面,提示"用户登录失败!"。

图 5-21 用户身份认证

第 6 章

信息发布系统

通过信息发布系统,用户能够快捷地从网站获知信息的最新动态;同时信息管理员可以方便地对网站信息进行维护。本章将使用 Dreamweaver CS6 开发一个完整的信息发布系统,通过网页动态存取后台数据库,实现查看、添加、修改及删除网站后台数据等功能。

6.1 需求分析

信息发布系统主页面通过列表的方式展示网站的最新信息概要,如图 6-1 所示。所有人都可以通过主页面获得最新公告的公告时间、公告标题以及信息编辑者,如果想获得更详细的信息内容,可以通过单击公告标题链接进入详细页面。

图 6-1 信息发布系统主页面

211

信息发布系统面向所有人,即所有人都可以查看信息,但是只有信息管理员才能对网站信息进行维护。经过登录认证后,管理员可以新增信息,也可以对某一条信息进行编辑修改与删除,如图 6-2 所示。

信息发布　　　　　　　　　　　　　　　　当前登录用户: Admin 角色: 管理员

序号	公告日期	公告标题	编辑	删除
11	2012-11-05 03:24:44	[公告]安全车展石家庄站落幕	编辑	删除
10	2012-11-05 03:24:24	[公告]汽车营销服务峰会开幕	编辑	删除
9	2012-11-05 03:23:54	[公告]2013款入门豪车	编辑	删除
	2012-11-05 03:21:11	[公告]全国首家Surface对决iPad荒机会	编辑	删除
7	2012-11-05 03:20:13	[公告]冤机合第68期	编辑	删除
6	2012-11-05 02:57:20	[公告]库克灾真与乔布斯差在哪里	编辑	删除
5	2012-11-05 02:50:41	[公告]给天猫交流水钱比交广告费便宜	编辑	删除
4	2012-11-05 02:49:06	[公告]照片云存储服务	编辑	删除
	2012-11-05 02:47:36	[公告]iPhone5今起北京预定	编辑	删除
2	2012-11-05 02:46:37	[公告]百度撑钱奇艺满想	编辑	删除

记录 1 到 10 (总共 11

图 6-2　信息管理页面

6.2　系统设计

分析信息发布系统的需求与主要功能可以得出,系统由信息浏览和信息管理两大模块组成,系统框架如图 6-3 所示。

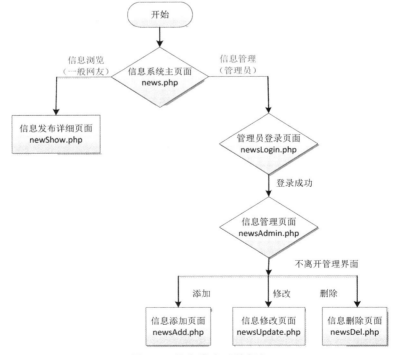

图 6-3　信息发布系统框架

信息浏览模块由信息发布主页面（news.php）和信息发布详细页面（newShow.php）组成。主页面（news.php）如图 6-1 所示，采用列表的方式组织信息概要，并通过链接跳转到信息发布详细页面（newShow.php）。信息管理模块由管理员登录页面（newsLogin.php）、信息管理页面（newsAdmin.php）、信息添加页面（newsAdd.php）、信息修改页面（newsUpdate.php）和信息删除页面（newsDel.php）组成。管理员登录成功后，进入信息管理页面（newsAdmin.php），如图 6-2 所示。通过信息管理页面（newsAdmin.php）左侧导航链接进入信息添加页面（newsAdd.php），分别通过每条信息右侧的"编辑""删除"链接跳转到信息修改页面（newsUpdate.php）和信息删除页面（newsDel.php）。

本章的主要目的是动态网站的开发而非静态网页设计，本章所有的系统实现是在静态页面的基础上进行的，即图 6-3 中每一个 PHP 文件都有对应的 HTML 静态文件作为开发的基础。

6.3　系统实现

6.3.1　建立数据库

1）导入数据库

具体操作步骤如下所示：

第一步：登录 MySQL 的 phpMyAdmin 管理界面，建立数据库 newsystem。如图 6-4 所示，输入数据库名称为"newsystem"→输入排序规则为 gb2312_chinese_ci→单击【创建】按钮。

图 6-4　创建数据库

第二步：导入文件 newsystem.sql。如图 6-5 所示，选中左侧的 newsystem 数据库后，单击右侧的【导入】标签→选择导入文件 newsystem.sql，并设置字符集为 gb2312→单击【执行】按钮。

图 6-5　导入数据

导入成功后,可以看到 newsystem 数据库包括了 admin 和 newsdata 两个数据表,如图 6-6 所示。

图 6-6　信息发布系统的数据库

2）数据库分析

信息发布系统后台数据库 newsystem 包含了 admin 和 newsdata 这两个数据表。

admin 数据表用来保存登录管理界面的管理员账号与密码,主索引栏为 username 字段,如图 6-7 所示。

图 6-7　数据表 admin

而所有信息公告的数据都保存在 newsdata 数据表,newsdata 表结构如图 6-8所示。其中信息公告编号 news_id 为主索引,并设置为 UNSIGNED(正数)、"auto_increment"(自动编号),这样就能在添加数据时为每一条信息自动加上一个单独的编号而不重复。另外，信息内容 news_content 字段使用的【类型】为 text，原因是该字段所填入的文字长度不定，而这个数据类型会按照文字内容的长度给予适当的保存。

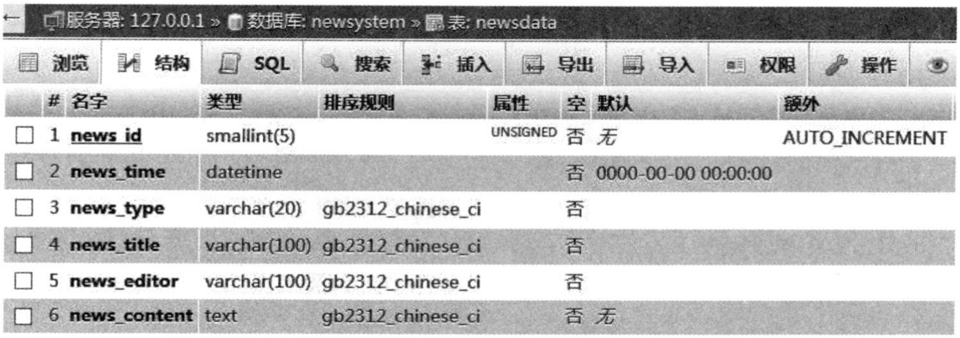

服务器: 127.0.0.1 » 数据库: newsystem » 表: newsdata

浏览　结构　SQL　搜索　插入　导出　导入　权限　操作

#	名字	类型	排序规则	属性	空	默认	额外
1	news_id	smallint(5)		UNSIGNED	否	无	AUTO_INCREMENT
2	news_time	datetime			否	0000-00-00 00:00:00	
3	news_type	varchar(20)	gb2312_chinese_ci		否		
4	news_title	varchar(100)	gb2312_chinese_ci		否		
5	news_editor	varchar(100)	gb2312_chinese_ci		否		
6	news_content	text	gb2312_chinese_ci		否	无	

图 6-8　数据表 newsdata

6.3.2　建立站点

在 Dreamweaver 中新建站点，站点的基本属性如表 6-1 所示。

表 6-1　信息发布系统的站点属性

信息名称	内容
网站名称	信息发布系统
本机服务器主文件夹	D:/xampp/htdocs/newsystem
程序使用文件夹	D:/xampp/htdocs/newsystem
程序测试网址	http://localhost/newsystem
MySQL 服务器地址	localhost
管理账号/密码	root/密码为空
使用数据库名称	newsystem

程序所要使用的文件夹为＜D:/xampp/htdocs/newsystem＞，也就是目前程序所使用的文件夹为本地服务器主文件夹的子文件夹，因此测试网址为＜http://localhost/newsystem ＞。

6.3.3　实现信息浏览功能

首先要实现的是信息浏览功能，包含了信息系统主页面及信息发布详细页面。用户在浏览信息系统主页面后，可以选择感兴趣的主题来阅读详细内容。

1）信息系统主页面的制作

制作信息系统主页面的具体操作步骤如下所示：

第一步:打开文件。

选择要编辑的网页<news.html>,双击将其在编辑区打开→切换到【数据库】面板,选择一种【文档类型】→在弹出的对话框中,选择 PHP,并单击【确定】按钮,如图 6-9 所示→保存文件,文件名为 news.php。

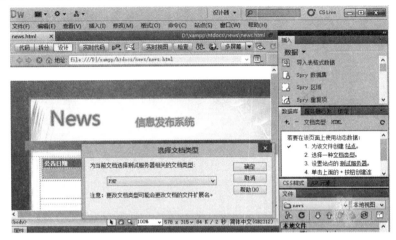

图 6-9　选择【文档类型】

第二步:设置数据库连接。

因为主页面显示的信息都保存在数据库中,我们要先设置页面与数据库的连接,以便将数据读出,显示在页面中。在 Dreamweaver CS6 中与某个数据库连接的操作只要设置一次,即可在站点中的所有页面引用,十分方便。

设置数据库连接,单击【数据库】面板上的【＋】/【MySQL】,如图 6-10(a)所示。在弹出的对话框中输入连接名称、MySQL 服务器、用户名/密码,并选择 newsystem 数据库,如图 6-10(b)所示。

(a)

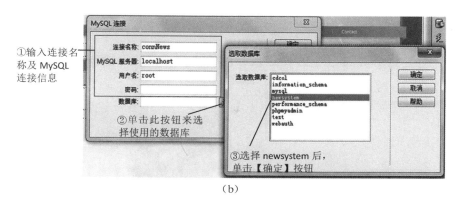

①输入连接名
称及 MySQL
连接信息

②单击此按钮来选
择使用的数据库

③选择 newsystem 后，
单击【确定】按钮

(b)

图 6-10　设置数据库连接

此时，右方的【数据库】面板已经成功显示数据库，甚至可以看到数据库的数据表及字段名称，如图 6-11 所示。接下来我们将利用这个访问的设置，把数据库里的数据映射到页面上显示。

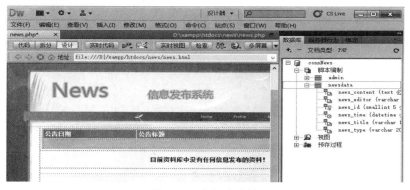

图 6-11　数据库连接

设置了数据源 connNews 之后，在 MySQL 站点下，会自动生成一个文件夹【Connections】，并在该文件夹下面生成与数据库连接名称同名的 PHP 文件，在这里生成 connNews.php 文件。为了在信息发布系统中正常显示中文字符，要在文件 connNews.php 的最后设置 MySQL 的字符集与命名空间。完整的connNews.php 文件如下所示：

```php
<?php
# FileName = "Connection_php_mysql.htm"
# Type = "MYSQL"
# HTTP = "true"
$ hostname_connNews = "localhost";
$ database_connNews = "newsystem";
```

```
$ username_connNews = "root";
$ password_connNews = "";
$ connNews = mysql_pconnect ( $ hostname_connNews, $ username_connNews,
$ password_connNews) or trigger_error(mysql_error(),E_USER_ERROR);
mysql_query("set character set 'gb2312'");//读库
mysql_query("set names 'gb2312'");//写库
?>
```

第三步：绑定记录集。

记录集是根据目前网页上的需要，从后台数据库获取所需要的数据信息，甚至进一步对数据内容加以筛选或排序。

首先切换到【绑定】选项卡，单击【＋】/【记录集（查询）】，如图 6-12(a)所示。在弹出的如图 6-12(b)所示的对话框中，输入记录集的名称 RecNews，在【连接】右侧的下拉列表中选择已创建的"connNews"，在【表格】右侧的下拉列表中选择"newsdata"，并且设置记录集以 news_time 做【降序】排序，最后单击右侧的【确定】按钮。

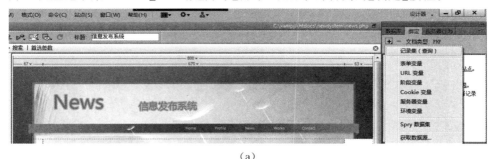

（a）

（b）

图 6-12　绑定记录集

此时,在【绑定】面板会出现设置的记录集名称,展开后会有我们要引用的记录字段名称。

接下来按照图 6-13(a)所示的方法,将所有要使用的字段由【绑定】面板一一拖到编辑区中,最终效果如图 6-13(b)所示。

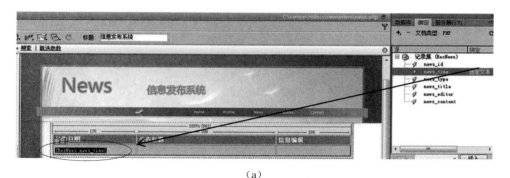

(a)

(b)

图 6-13 引用记录集

第四步:设置重复区域。

此时若是浏览页面效果,只会读出数据库的第一个数据,我们需要设置重复区域将所有的数据一一读出。

首先,要选中设置重复的区域,如图 6-14 所示。

①在此字段内
单击，将光标
移至此

②单击卷标编辑
区由右方算过来
的第一个<tr>即
可将一整栏选中

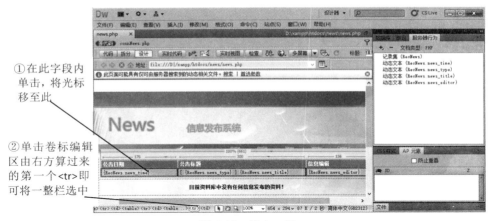

图 6-14　选中一行

其次，切换到【服务器行为】面板，选择【＋】/【重复区域】，如图 6-15（a）所示→在弹出的对话框中选择记录集 RecNews 后，单击【确定】按钮，如图 6-15（b）所示。

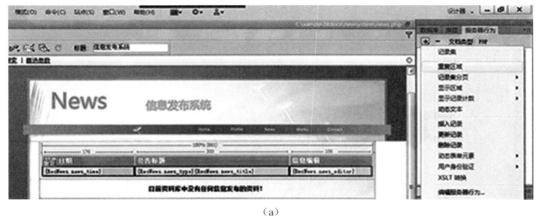

（a）

（b）

图 6-15　设置重复区域

这时会发现之前选中的、需要重复的区域的左上角出现了一个重复的灰色卷标,效果如图 6-16 所示。

图 6-16　成功设置重复区域

第五步:设置显示区域。

有时需要按照记录集的状况来判别是否要显示某些区域。以本章为例,设置了 2 个区域,其中一个表格是要显示记录集中的数据,另外还有一个表格显示了数据库中没有任何数据的说明文字。若是数据库中没有任何数据即显示第二个表格来说明数据库里没有数据;若是数据库已经有数据,即显示第一个表格中的数据内容。

首先要选中记录集中有数据时要显示的区域,如图 6-17 所示。

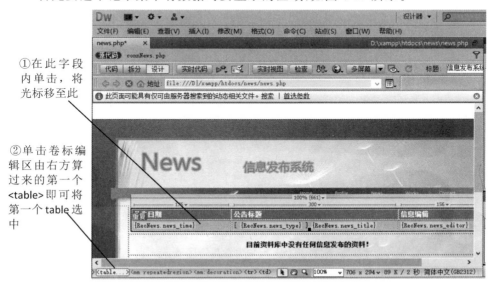

①在此字段内单击,将光标移至此

②单击卷标编辑区由右方算过来的第一个 <table> 即可将第一个 table 选中

图 6-17　选中表格

区域选择完毕后,切换到【服务器行为】面板,然后选择【＋】/【显示区域】/【如果记录集不为空则显示】,如图 6-18(a)所示→在弹出的对话框中设置用来判断的记录集名称,再单击【确定】按钮,如图 6-18(b)所示。

(a)

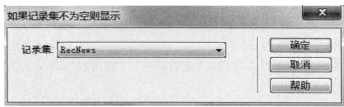

(b)

图 6-18　设置显示区域

此时之前所选择的区域左上角出现了一个【如果符合此条件则显示】的灰色卷标,如图 6-19 所示。

图 6-19　成功设置显示区域

接着设置若是记录集没有数据时要显示的区域。首先要选中区域,如图 6-20所示。

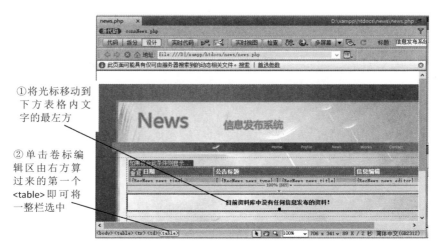

①将光标移动到下方表格内文字的最左方

②单击卷标编辑区由右方算过来的第一个 <table> 即可将一整栏选中

图 6-20　选中下方表格

区域选择完毕后,选择【服务器行为】面板,然后选择【+】/【显示区域】/【如果记录集为空则显示】,如图 6-21(a)所示→在弹出的对话框中选择用来判断的记录集名称 RecNews 后,单击【确定】按钮,如图 6-21(b)所示。

(a)

(b)

图 6-21　设置显示区域

如图 6-22 所示,在编辑器中,之前所选择的区域左上角出现了一个【如果符合此条件则显示】的灰色卷标,这样就设置完毕了。

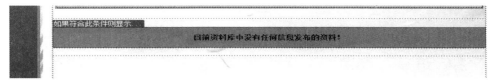

图 6-22　成功设置显示区域

第六步:插入记录集导航状态及记录集导航条。

所谓记录集导航状态就是显示记录集共有几个记录,目前页面上显示的是第几个到第几个的文字。记录集导航条可以让用户通过文字或图片的方式访问上一页、下一页或是第一页、最后一页。

插入记录集导航状态,首先要定位插入的位置,再选择【插入】面板/数据/【显示记录计数:记录集导航状态】按钮,如图 6-23(a)所示→在弹出的对话框中,选择要显示状态的记录集 RecNews,再单击【确定】按钮,如图 6-23(b)所示。

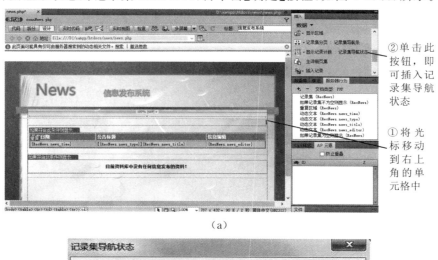

(a)

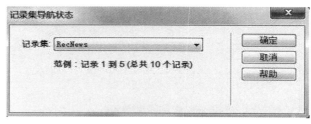

(b)

图 6-23　插入记录集导航状态

此时编辑器区会出现该记录集导航状态,如图 6-24 所示。

图 6-24　成功插入记录集导航状态

接着再插入记录集导航条,首先定位插入位置,再选择【插入】面板/数据/
【记录集分页:记录集导航条】按钮,如图 6-25(a)所示→在弹出的对话框中,选择
记录集 RecNews 与显示方式,再单击【确定】按钮,如图 6-25(b)所示。

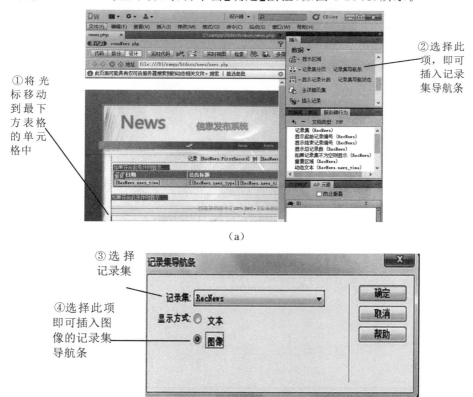

(a)

(b)

图 6-25　插入记录集导航条

回到编辑器区,会发现以图片方式表示的记录集导航条,如图 6-26 所示。

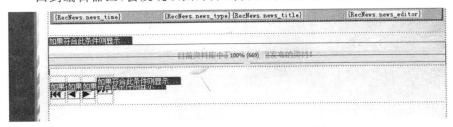

图 6-26　成功插入记录集导航条

　　最后居中显示导航条。如图 6-27(a)所示,选择导航条,注意确保此时卷标编辑区选中的是由右方算过来的第一个<table>,右击导航条选择对齐/居中对齐。居中显示导航条的效果如图 6-27(b)所示。

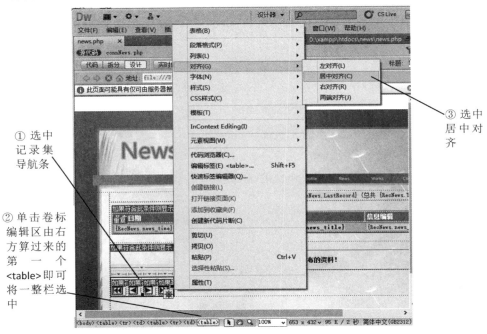

(a)

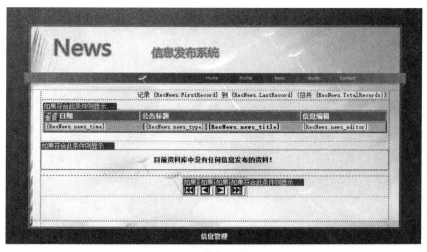

（b）

图 6-27　调整记录集导航条水平居中

第七步：转到详细页面。

在系统的设计上，希望用户在浏览信息系统主页面后，可以选择感兴趣的主题来阅读详细内容，而选择主题再转到详细页面，就是在这里设置的。

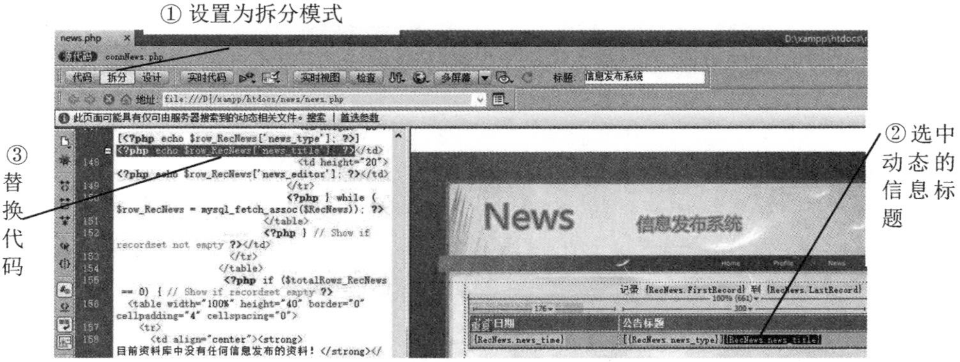

① 设置为拆分模式

③ 替换代码

②选中动态的信息标题

图 6-28　选中动态的信息标题

如图 6-28 所示，首先把编辑区设置为拆分模式，在设计区选中动态的信息标题，此时代码区选中的代码为：

```
<?php echo $ row_RecNews['news_title']; ?>
```

将此代码替换为如下代码：

```
<a href = "newShow.php?news_id = <?php echo $ row_RecNews['news_id'];
?>"><?php echo $ row_RecNews['news_title']; ?></a>
```

到此,信息系统主页面<news.php>的制作都已经完成,单击【文件】/【保存】,保存页面,接着可以按 F12 键预览目前制作的结果,如图 6-29 所示。

图 6-29　信息发布系统主页面

2）信息发布详细页面的制作

信息发布的详细页面,显示用户点阅信息的详细完整内容。这个页面的重点是如何接收主页面所传递的参数,将数据库的对应数据显示出来。

第一步:打开文件。

选择要编辑的网页<newShow.html>,双击将其在编辑区打开→切换到【服务器行为】面板,单击【文档类型】,如图 6-30 所示→在弹出的对话框中选择 PHP,并单击【确定】按钮→保存文件,文件名为 newShow.php。

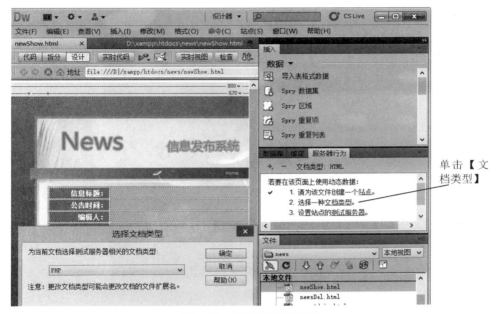

图 6-30 选择【文档类型】

第二步:绑定记录集。

切换到【数据库】/【绑定】面板,单击【＋】/【记录集(查询)】,如图 6-31(a)所示→在弹出的对话框中,设置记录集如图 6-31(b)所示。

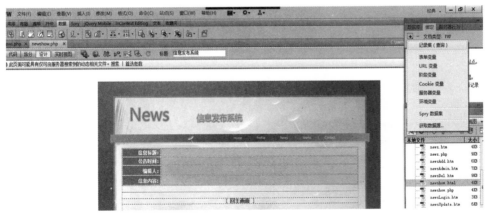

(a)

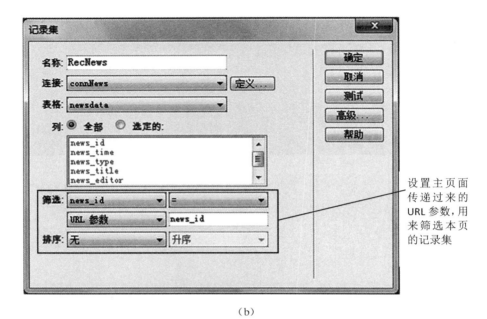

设置主页面
传递过来的
URL 参数,用
来筛选本页
的记录集

（b）

图 6-31　绑定记录集

在图 6-31(b)所示的对话框中,最重要的是设置【筛选】,因为这个页面只是显示用户感兴趣的信息详细内容,并不是显示所有信息,所以要根据主页面传递过来的参数进行信息筛选。

返回主编辑画面后,右方的【绑定】面板会出现我们所设置的记录集名称,展开后还有我们要使用的数据字段名称。可以由【绑定】面板将所需要显示的数据字段拖到编辑区中。依照图 6-32 所示,将所有使用到的数据字段一一拖到编辑的网页中。

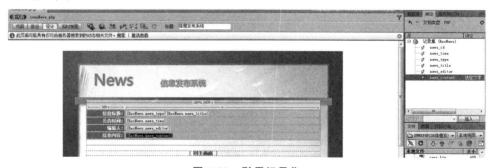

图 6-32　引用记录集

这样即完成了详细页面＜newShow.php＞的制作,单击文件【文件】/【保存】,保存此页面。

6.3.4 实现信息管理功能

管理功能对于信息发布系统来说是十分重要的,因为管理员可以借助这个功能来添加、修改或是删除网站信息的内容,让网站的信息可以实时更新。

1)管理员登录页面的制作

管理页面并不是任何人都可以进入的,所以要使用一定的程序来限制进入的人员,而登录的操作可以通过账号与密码来判别管理员是否有适当的权限进入管理页面。下面将要介绍登录页面的制作方法。

第一步:打开文件。

选择要编辑的网页<newsLogin.html>,双击将其在编辑区打开→切换到【服务器行为】面板,单击【文档类型】→ 在弹出的对话框中,选择 PHP,并单击【确定】按钮,如图 6-33 所示→保存文件,文件名为 newsLogin.php。

图 6-33　选择【文档类型】

由图 6-33 可以知道,newsLogin.php 页面中一个表单,其中包括 2 个字段,【用户】是输入管理员名称的字段,另一个【密码】是输入管理员密码的字段。

第二步:验证用户身份。

登录用户的身份认证,是根据管理员所输入的账号密码,与数据库中所保存的管理员名称与密码比较,若是符合即转到管理页面,不符合即退出到信息系统主页面。

验证用户身份。选中输入用户名与密码的 form→在【服务器行为】面板,单击【+】/【用户身份验证】/【登录用户】,如图 6-34(a)所示→设置表单的用户名、密码与数据库的相关设置,以及验证后的跳转页面,如图 6-34(b)所示。

（a）

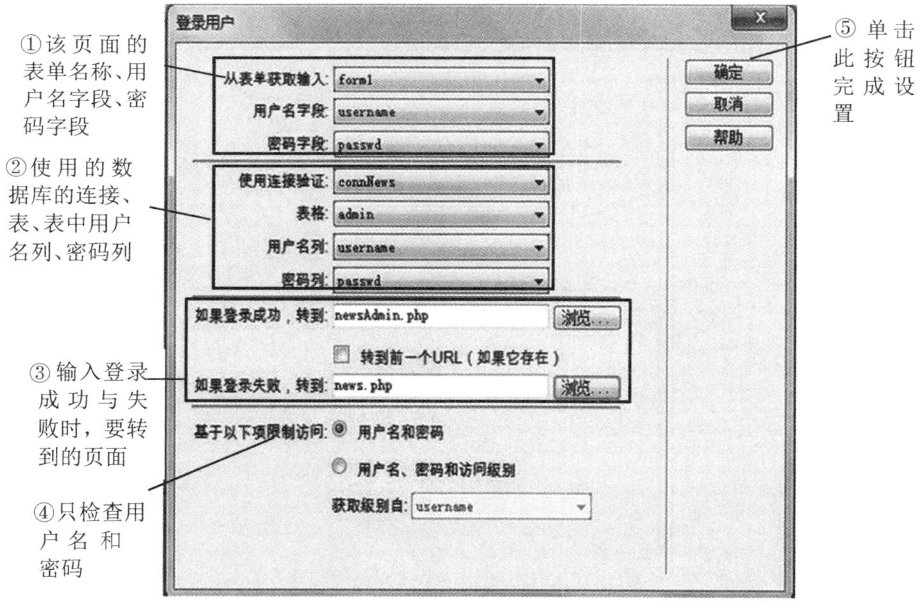

（b）

图 6-34　用户身份验证

这样登录管理员页面就完成了,单击文件【文件】/【保存】,保存此页面。

2）信息管理主页面的制作

信息管理主页面是在管理员输入正确的账号和密码后所登录的页面,可以在这个页面中看到所有信息的标题,并可以链接到添加、修改、删除信息的页面。

它与信息系统主页面大致相同,仅仅是多了可以编辑信息的页面链接而已。

第一步:打开文件。

选择要编辑的网页＜newsAdmin. html＞,双击将其在编辑区打开→切换到【服务器行为】面板,单击【文档类型】→在弹出的对话框中选择 PHP,并单击【确定】按钮→保存文件,文件名为 newsAdmin.php。

第二步:绑定记录集。

切换到【绑定】面板,单击【＋】/【记录集(查询)】,如图 6-35(a)所示→将要显示的数据字段拖到编辑页面上,如图 6-35(b)所示。

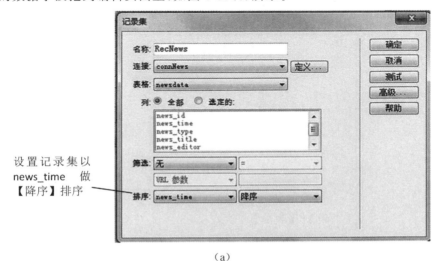

(a)

(b)

图 6-35　绑定记录集

第三步:设置页面上的重复区域及显示区域。

设置重复区域后,会在相应区域的左上角会出现一个重复的灰色卷标;设置显示区域后,会在相应区域的左上角出现一个【如果符合此条件则显示】的灰色卷标,效果如图 6-36 所示。

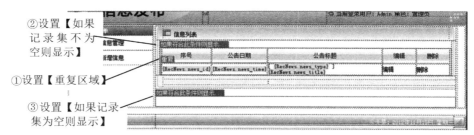

②设置【如果记录集不为空则显示】
①设置【重复区域】
③设置【如果记录集为空则显示】

图 6-36　设置重复区域及显示区域

第四步：插入记录集导航状态及记录集导航条。

在页面下方插入记录集导航状态及记录集导航条的效果如图 6-37 所示。

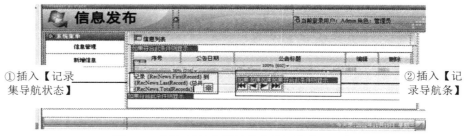

①插入【记录集导航状态】
②插入【记录导航条】

图 6-37　插入记录集导航状态及记录集导航条

第五步：添加【编辑】和【删除】的链接。

设置页面上的【编辑】和【删除】文字链接时，需要注意的是，除了分别链接到
<newsUpdate.php>和<newsDel.php>页面之外，链接中还必须带一个参数，因
为程序中必须使用这个参数将要修改或是删除的数据由数据表中筛选出来。

图 6-38　指定［编辑］文字链接的参数

如图 6-38 所示，将编辑区设置为拆分模式，在设计区选中【编辑】文字链接，
将代码区选中的代码替换为如下代码：

```
<a href = "newsUpdate. php?news_id = <?php echo $ row_RecNews['news_id
'];?>">编辑</a>
```

同理,如图 6-39 所示,在设计区选中【删除】文字链接,将代码区选中的代码替换为如下代码:

```
<a href = "newsDel.php?news_id = <?php echo $row_RecNews['news_id'];?>">删除</a>
```

图 6-39 指定【删除】文字链接的参数

到此就完成了信息管理主页面 newsAdmin.php,单击文件【文件】/【保存】,保存此页面。

3) 信息添加页面的制作

第一步:打开文件。

选择要编辑的网页<newsAdd.html>,双击将其在编辑区打开→切换到【服务器行为】面板,单击【文档类型】→在弹出的对话框中选择 PHP,并单击【确定】按钮→保存文件,文件名为 newsAdd.php。

第二步:插入记录前准备。

我们将使用 newsAdd.php 页面的表单将信息数据添加到数据库中。

首先来看表单,查看代码或在【属性】面板中检查每个输入框的 name 属性是否和记录集字段名称相同,如图 6-40 所示。

图 6-40 校验 name 属性

其中有一个特别的表单字段,那就是【信息类别】,该表单字段是使用下拉式菜单,再将选中项目所代表的值写入数据库中。如图6-41(a)所示,选择该字段后,在其属性面板单击【列表值】按钮。如图6-41(b),可以设置下拉式菜单的选项。

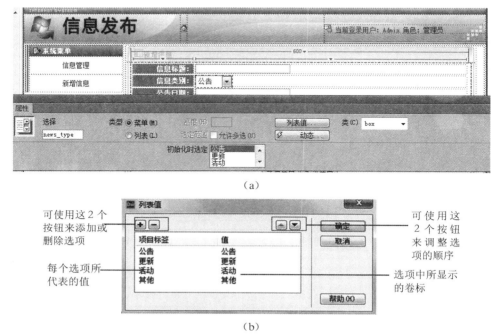

(a)

(b)

图 6-41　设定【信息类别】

另一个要注意的是【公告日期】这个字段,我们希望管理员在进入这个表单时,程序能自动取得服务器当日的日期并显示在输入框中,方便数据的添加。如图6-42所示,先选择这个表单字段,然后在其属性面板的【初始值】栏输入"＜?php echo date("Y-m-d H:i:s")?＞",再按 Enter 键即可。

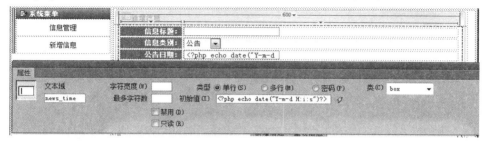

图 6-42　设定【公告日期】

第三步：插入记录。

完成了表单的设置，切换到【服务器行为】面板，单击【＋】/【插入记录】，如图 6-43（a）所示→如图 6-43（b）所示设置数据库相关选项，确保能够正确地插入数据库中。

（a）

程序将自动
对比表[newsdata]
的字段与表单
[form1] 中的
字段名称，
可以检查调整

（b）

图 6-43　设定【插入记录】

这样就完成了页面＜newsAdd.php＞的制作，选择【文件】/【保存】，保存此文件。

4）信息修改页面的制作

修改信息的页面与上一节添加数据的页面大致相同，不同的是在修改信息的页面上，表单字段中要显示需要修改的数据值。因此在制作修改信息的页面时,需要绑定记录集。

第一步:打开文件。

选择要编辑的网页＜newsUpdate.html＞,双击将其在编辑区打开→切换到【服务器行为】面板,单击【文档类型】→在弹出的对话框中选择 PHP,并单击【确定】按钮→保存文件,文件名为 newsUpdate.php。

第二步:绑定记录集。

切换到【绑定】面板,单击【＋】/【记录集(查询)】,如图 6-44(a)所示→设置记录集选项,如图 6-44(b)所示。

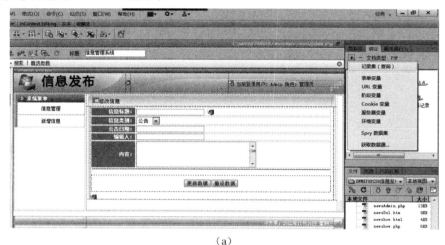

(a)

(b)

设置以前一个页面传递的 URL 参数来筛选本页的记录集

图 6-44　绑定记录集

　　将记录集中 news_title 一栏拖到页面中【信息标题】的表单字段上，这时这个字段的默认值即会显示记录集 news_title 这栏的值，如图 6-45(a)所示，使用相同的方法将除"信息类别"之外的其他记录集字段的值拖到表单相应的输入框中，如图 6-45(b)所示。在页面中有一个隐藏栏字段 news_id，请将记录集中 news_id 一栏拖到字段中，可在更新时使用。

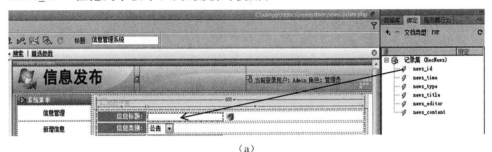

(a)

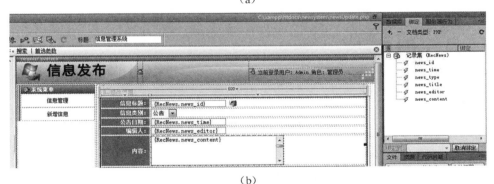

(b)

图 6-45　引用记录集

　　表单中"信息类别"下拉列表使用【动态列表/菜单】。所谓【动态列表/菜单】就是让【列表/菜单】类型的表单仍保有原有的选项，但是显示的默认值等于当前记录集内容的值。

　　选择"信息类别"的表单字段→切换到【服务器行为】面板，单击【＋】/【动态表单元素】/【动态列表/菜单】，如图 6-46(a)所示，在弹出的【动态列表/菜单】对话框中，单击最下方【选择值等于】栏右方的██按钮以便选择记录集中的字段，如图 6-46(b)、图 6-46(c)所示，选择记录集中 news_type 字段后，单击【确定】按钮，返回到原来的对话框，单击【确定】按钮完成设置。

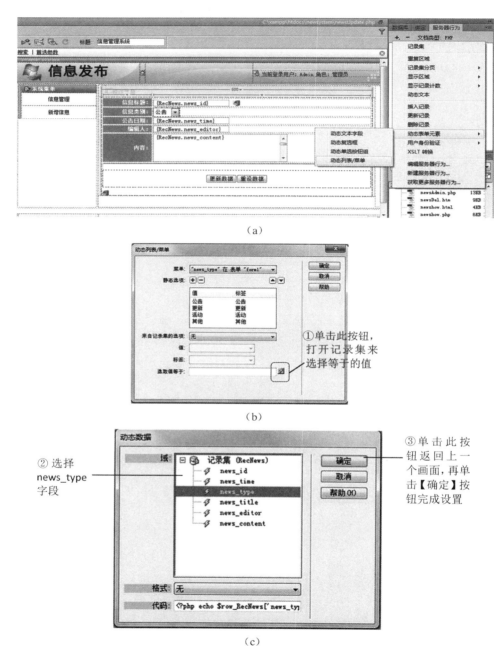

（a）

（b）

② 选择
news_type
字段

③ 单击此按钮返回上一个画面，再单击【确定】按钮完成设置

（c）

图 6-46　设定动态表单

第三步：更新数据。

完成表单的布置后，开始设置更新数据库数据的服务器行为。在【服务器行为】面板单击【＋】/【更新记录】，如图 6-47 所示，在弹出的对话框中设置相关选

项后,单击【确定】按钮。

图 6-47 设定【更新数据】

这样就完成了 newsUpdate.php 页面的制作,最后单击【文件】/【保存】,保存此页面。

5)信息删除页面的制作

第一步:打开文件。

选择要编辑的网页<newsDel.html>,双击将其在编辑区打开→切换到【服务器行为】面板,单击【文档类型】→在弹出的对话框中选择 PHP,并单击【确定】按钮→保存文件,文件名为 newsDel.php。

第二步:绑定记录集。

切换到【绑定】面板,单击【+】/【记录集(查询)】,如图 6-48(a)→在弹出的对话框中设置记录集,如图 6-48(b)所示。

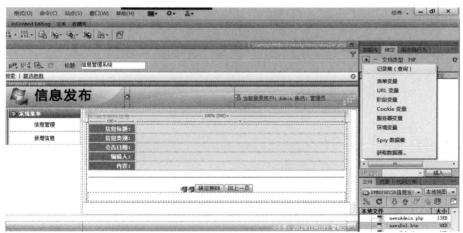

(a)

（b）

图 6-48　绑定记录集

删除页面 newsDel.php 上要显示信息的内容，因此要将记录集的字段与页面上的表单相关联，如图 6-49 所示。

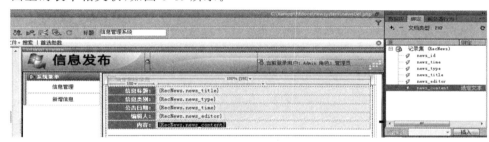

图 6-49　引用记录集

在 newsDel.php 页面的下方表单区有两个隐藏字段。第一个字段是 delsure，其默认值为"1"，这是删除操作的判别值，程序在接收到这个值后执行删除操作，如图 6-50(a)所示；第二个字段是 news_id，拖曳记录集中 news_id 字段为其默认值，程序在接收到这个值后便知道要删除数据表中哪一条信息数据了，如图 6-50(b)所示。

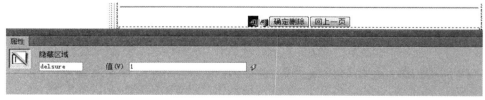

（a）

（b）

图 6-50　隐藏字段

第三步：删除记录。

在【服务器行为】面板中单击【＋】/【删除记录】→如图 6-51 所示，在弹出的对话框中设置相关选项，并单击【确定】按钮完成设置。

删除记录

| 首先检查是否已定义变量：URL 参数 | delsure |
| 连接：connNews |
| 表格：newsdata |
| 主键列：news_id ☑ 数值 |
| 主键值：URL 参数 news_id |
| 删除后，转到：newsAdmin.php 浏览... |

确定　取消　帮助

图 6-51

单击【文件】/【保存】，就完成了删除信息页面 newsDel.php 的制作。

至此整个信息发布系统就全部完成了，可以按 F12 键预览制作效果。

第 7 章

在线购物系统

随着互联网的普及,淘宝、京东、1 号店等一系列电子商务网站得到了广泛的应用与发展。电子商务网站主要实现网站商品信息查询和网上购物等功能,本章将实现一个在线购物系统,主要功能如下所示:

(1) 用户注册与登录。

(2) 增加商品类别。

(3) 增加商品。

(4) 商品展示。

(5) 提交订单。

7.1 需求分析

在线购物系统效果图如图 7-1 所示,页面主体部分展示商品信息,包括商品列表、商品简介、商品详细信息、商品图片等信息;选中商品后,首先要登录或者注册成为会员才可以下订单。页面左侧菜单分别为商品分类、在线订单、已购买商品、商品管理等,可以显示指定商品类别列表、浏览订单、提交订单、查看已购买商品,后台人员还可以增加商品和商品类别。

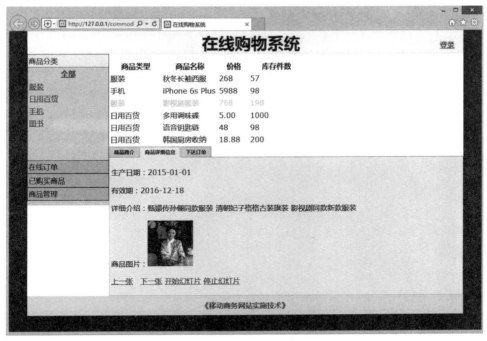

图 7-1　在线购物系统最终效果图

7.2　系统设计

7.2.1　网页布局

如图 7-2 所示，在线购物系统采用拐角型布局，整个页面位于一个 container 层，其中包含 3 个部分：

（1）上部是网页头部 header。

（2）中间分为 2 栏，分别为 sidebar1 和 content。

（3）下部为版尾 footer。

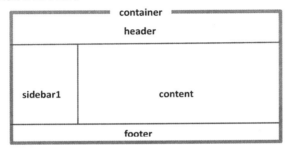

图 7-2　在线购物系统页面布局

7.2.2 数据库设计

分析在线购物系统,可以得到商品信息、商品图片、商品类别、用户、订单 5 个实体,实体之间的 E-R 图如图 7-3(a)所示。根据 E-R 图在 MySQL 中建立 commodity 数据库,依次创建如图 7-3(b)中 commoditiinfo、commphotos、commtype、commuser、orders5 张表,创建脚本如例 7.1 所示。

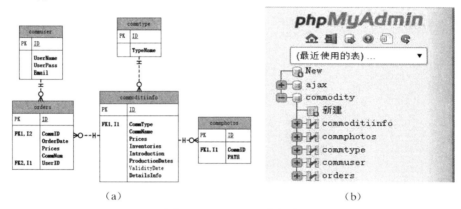

（a）   （b）

图 7-3　commodity 数据库

【例 7.1】数据库建表脚本。

```
-- Database: 'commodity'


-- 表的结构 'commoditiinfo'
CREATE TABLE IF NOT EXISTS 'commoditiinfo' (
  'ID' int(4) NOT NULL AUTO_INCREMENT,
  'CommType' int(4) NOT NULL,
  'CommName' varchar(50) COLLATE utf8_unicode_ci NOT NULL,
  'Prices' varchar(20) COLLATE utf8_unicode_ci NOT NULL,
  'Inventories' varchar(20) COLLATE utf8_unicode_ci NOT NULL,
  'Introduction' varchar(50) COLLATE utf8_unicode_ci NOT NULL,
  'ProductionDates' date NOT NULL,
  'ValidityDate' date DEFAULT NULL,
  'DetailsInfo' text COLLATE utf8_unicode_ci NOT NULL,
```

```
    PRIMARY KEY ('ID'),
    KEY 'commtype_commoditiinfo_FK' ('CommType')
) ENGINE = InnoDB DEFAULT CHARSET = utf8 COLLATE = utf8_unicode_ci AUTO_
INCREMENT = 22 ;


-- 表的结构 'commphotos'
CREATE TABLE IF NOT EXISTS 'commphotos' (
    'ID' int(4) NOT NULL AUTO_INCREMENT,
    'CommID' int(4) NOT NULL,
    'PATH' varchar(50) COLLATE utf8_unicode_ci NOT NULL,
    PRIMARY KEY ('ID'),
    KEY 'commoditiinfo_commphotos_FK' ('CommID')
) ENGINE = InnoDB DEFAULT CHARSET = utf8 COLLATE = utf8_unicode_ci AUTO_
INCREMENT = 19 ;


-- 表的结构 'commtype'
CREATE TABLE IF NOT EXISTS 'commtype' (
    'ID' int(4) NOT NULL AUTO_INCREMENT,
    'TypeName' varchar(50) COLLATE utf8_unicode_ci NOT NULL,
    PRIMARY KEY ('ID')
) ENGINE = InnoDB DEFAULT CHARSET = utf8 COLLATE = utf8_unicode_ci AUTO_
INCREMENT = 6 ;


-- 表的结构 'commuser'
CREATE TABLE IF NOT EXISTS 'commuser' (
    'ID' int(4) NOT NULL AUTO_INCREMENT,
    'UserName' varchar(50) COLLATE utf8_unicode_ci NOT NULL,
    'UserPass' varchar(50) COLLATE utf8_unicode_ci NOT NULL,
    'Email' varchar(50) COLLATE utf8_unicode_ci NOT NULL,
    PRIMARY KEY ('ID')
) ENGINE = InnoDB   DEFAULT CHARSET = utf8 COLLATE = utf8_unicode_ci
AUTO_INCREMENT = 5 ;
```

```
-- 表的结构 'orders'
CREATE TABLE IF NOT EXISTS 'orders' (
  'ID' int(4) NOT NULL AUTO_INCREMENT,
  'CommID' int(4) NOT NULL,
  'OrderDate' datetime NOT NULL,
  'Prices' varchar(20) COLLATE utf8_unicode_ci NOT NULL,
  'CommNum' int(4) NOT NULL,
  'UserID' int(4) NOT NULL,
  PRIMARY KEY ('ID'),
  KEY 'commuser_orders_FK' ('UserID'),
  KEY 'commoditiinfo_orders_FK' ('CommID')
) ENGINE = InnoDB DEFAULT CHARSET = utf8 COLLATE = utf8_unicode_ci AUTO_
INCREMENT = 12 ;


-- 创建约束


-- 限制表 'commoditiinfo'
ALTER TABLE 'commoditiinfo'
  ADD CONSTRAINT 'commtype_commoditiinfo_FK'
    FOREIGN KEY ('CommType') REFERENCES 'commtype' ('ID');


-- 限制表 'commphotos'
ALTER TABLE 'commphotos'
  ADD CONSTRAINT 'commoditiinfo_commphotos_FK'
    FOREIGN KEY ('CommID') REFERENCES 'commoditiinfo' ('ID');


-- 限制表 'orders'
ALTER TABLE 'orders'
  ADD CONSTRAINT 'commoditiinfo_orders_FK'
    FOREIGN KEY ('CommID') REFERENCES 'commoditiinfo' ('ID'),
  ADD CONSTRAINT 'commuser_orders_FK'
    FOREIGN KEY ('UserID') REFERENCES 'commuser' ('ID');
```

7.3　系统实现

7.3.1　网站环境配置

1）服务器虚拟目录配置

XAMPP 软件一键安装 PHP＋MySQL＋Apache 非常方便。但其安装以后，网站的根目录默认在 XAMPP 的子文件夹 htdocs 下面，平常想要在计算机上快速打开该目录非常不方便，因此本例将创建虚拟目录。

所谓虚拟目录，是指在地址栏中看到的地址并不是真实的网页路径，而是设置的虚拟路径。每个 Web 站点都有一个主目录，主目录映射为站点的域名或服务器名。例如，如果站点的网络域名是 www.microsoft.com，并且主目录是 C:\Website\Microsoft，浏览器将使用"http://www.microsoft.com"访问主目录中的网站文件；在内部网上，如果服务器名是 AcctServer，浏览器将使用"http://acctserver"访问主目录中的网站文件。要从主目录以外的其他目录发布网站，就必须创建虚拟目录。虚拟目录不包含在主目录中，但是虚拟目录有一个"别名"，别名通常要比目录的路径短，更有利于用户输入。虚拟目录的访问方式是在服务器地址后面加上虚拟目录名，例如"http://www.microsoft.com/虚拟目录名"。使用虚拟目录更安全，因为用户不知道文件是否真的存在于服务器上，所以便无法使用这些信息来修改文件，使用虚拟目录可以更方便地移动站点中的目录。一旦要更改目录的 URL，只需更改虚拟目录别名与目录实际位置的映射。

在 XAMPP 集成环境中创建虚拟目录，一般不会直接修改 apache 配置文件 httpd.conf，而是修改它的扩展配置文件 httpd-xampp.conf。扩展配置文件 httpd-xampp.conf 位于 XAMPP 安装目录\apache\conf\extra。本例网站代码位于 D:/book/，创建虚拟目录/commodity，网站访问地址为 http://127.0.0.1/commodity，具体操作是打开 httpd-xampp.conf 文件，在＜IfModule alias_module＞＜/IfModule＞标记内增加以下的代码。

【例 7.2】创建虚拟目录 commodity。

```
Alias /commodity "D:/book/"
  <Directory "D:/book">
    <IfModule php5_module>
      <Files "index.php">
          php_admin_flag safe_mode off
```

```
</Files>
 </IfModule>
    AllowOverride AuthConfig
    Require all granted
</Directory>
```

在上面的代码中：

（1）/commodity 是虚拟目录名，D:/book/是虚拟目录对应的物理路径。

（2）php_admin_flag safe_mode Off：关闭安全模式，如果打开安全模式，那么一些函数将被限制或被完全禁止。

（3）AllowOverride AuthConfig：进行身份验证。也可以使用 AllowOverride all。httpd-xampp.conf 文件修改完成后，需要重新启动 apache，才能生效。

2）Dreamweaver 中配置站点

在 Dreamweaver 中新建站点，站点的基本属性如表 7-1 所示。

表 7-1　站点的基本属性

分类名称	属性名称	值
站点	站点名称	commodity
	本地站点文件夹	D:\book\
服务器	服务器名称	commodity
	连接方法	本地/网络
	服务器文件夹	D:\book\
	Web URL	http://127.0.0.1/commodity/
	服务器类型	PHP MySQL
Spry	Spry 资源文件夹	D:\book\SpryAssets\

7.3.2　功能模块实现

1）登录与注册功能

完成登录与注册功能，首先在 Dreamweaver 中选中站点 commodity，新建 2 个空白 PHP 页，分别命名为 login.php 和 Reg.php。在站点中双击 Reg.php 在编辑器中打开。

选中菜单【窗口】下的【数据库】选项，如图 7-4 所示。

图 7-4　设置【数据库】面板

在【数据库】面板中,单击"＋"新建一个 MySQL 连接,如图 7-5(a)所示;在弹出的 MySQL 连接对话框中,输入如图 7-5(b)所示的设置,单击【确定】按钮,此时在【数据库】面板中会出现如图 7-5(c)所示的列表,其中显示了在 7.2.2 小节中所创建的数据库。

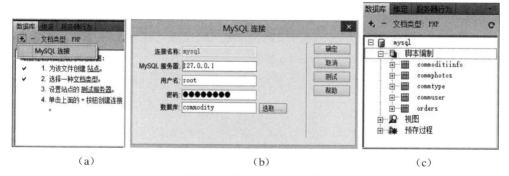

(a)　　　　　　　　　　(b)　　　　　　　　　　(c)

图 7-5　创建 MySQL 连接

在 Reg.php 中插入表单,表单属性如表 7-2 所示。

表 7-2　注册表单属性

项名称	属性名称	值
Email (Spry 验证文本域)	ID	E-mail
	标签文字	E-mail
	类型	电子邮件地址
	预览状态	必填

（续表）

项名称	属性名称	值
UserPass （Spry 验证文本域）	ID	UserPass
	标签文字	密码
	类型	无
	预览状态	必填
	输入框类型	密码
UserName （Spry 验证文本域）	ID	UserName
	标签文字	姓名
	类型	无
	预览状态	必填
Button （按钮）	值	提交
	动作	提交表单

完成表单后,单击【服务器行为】面板→【＋】→【插入记录】,在弹出的【插入记录】对话框中设置如图 7-6 所示的参数。

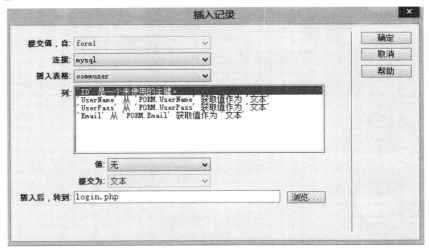

图 7-6 【插入记录】设置

单击确定后,预览一下 Reg.php,看是否已经完成了用户的注册。

由于在用户注册页面使用了 Spry 验证文本域,如果输入了错误的文本格式,单击【提交】按钮时,会出现错误提示;输入正确的文本格式,查看数据库中的 commuser 表中是否已经存在刚才输入的用户信息,如果提交信息中出现了乱码,不要慌,在 Connections/mysql.php 的结尾"?>"之前增加如【例 7.3】所示代码即可。

【例 7.3】

```
mysql_query("set names 'utf8'");
```

Reg.php 页面的完整代码如【例 7.4】所示。

【例 7.4】

```php
<?php require_once('Connections/mysql.php'); ?>
<?php
if (!function_exists("GetSQLValueString")) {
function GetSQLValueString( $ theValue, $ theType, $ theDefinedValue
= "", $ theNotDefinedValue = "")
{
  if (PHP_VERSION < 6) {
    $ theValue = get_magic_quotes_gpc() ? stripslashes( $ theValue) :
$ theValue;
  }

  $ theValue = function_exists("mysql_real_escape_string") ? mysql_
real_escape_string( $ theValue) : mysql_escape_string( $ theValue);

  switch ( $ theType) {
    case "text":
    $ theValue = ( $ theValue != "") ? "'" . $ theValue . "'" : "NULL";
    break;
  case "long":
  case "int":
    $ theValue = ( $ theValue != "") ? intval( $ theValue) : "NULL";
    break;
  case "double":
    $ theValue = ( $ theValue != "") ? doubleval( $ theValue) : "
NULL";
    break;
  case "date":
    $ theValue = ( $ theValue != "") ? "'" . $ theValue . "'" : "NULL";
```

```
    break;
  case "defined":
      $ theValue = ( $ theValue ! = "") ? $ theDefinedValue :
$ theNotDefinedValue;
    break;
  }
  return $ theValue;
}
}


$ editFormAction = $ _SERVER['PHP_SELF'];
if (isset( $ _SERVER['QUERY_STRING'])) {
  $ editFormAction . = "?" . htmlentities( $ _SERVER['QUERY_STRING']);
}

if ((isset( $ _POST["MM_insert"])) && ( $ _POST["MM_insert"] = = "
form1")) {
  $ insertSQL = sprintf("INSERT INTO commuser (UserName, UserPass,
Email) VALUES ( % s, % s, % s)",
      GetSQLValueString( $ _POST['UserName'], "text"),
      GetSQLValueString( $ _POST['UserPass'], "text"),
      GetSQLValueString( $ _POST['Email'], "text"));

  mysql_select_db( $ database_mysql, $ mysql);
  $ Result1 = mysql_query( $ insertSQL, $ mysql) or die(mysql_error
());

  $ insertGoTo = "login.php";
  if (isset( $ _SERVER['QUERY_STRING'])) {
    $ insertGoTo . = (strpos( $ insertGoTo, '?')) ? "&" : "?";
    $ insertGoTo . = $ _SERVER['QUERY_STRING'];
  }
  header(sprintf("Location: % s", $ insertGoTo));
```

```
}
?>
<!DOCTYPE HTML>
<html>
<head>
<meta charset = "utf-8">
<title>无标题文档</title>

<script src = "SpryAssets/SpryValidationTextField. js" type = "text/
javascript"></script>
< link  href = " SpryAssets/SpryValidationTextField. css"  rel = "
stylesheet" type = "text/css">
</head>
<body>
<form name = "form1" action = "<? php echo $ editFormAction; ?>"
method = "POST" id = "form1">
<p><h1>注册新用户</h1></p>
  <p><span id = "sprytextfield1">
  <label>Email
    <input type = "text" name = "Email" id = "Email">
  </label>
  <span class = "textfieldRequiredMsg">需要提供一个值.</span><
span class = " textfieldInvalidFormatMsg"> 格 式 无 效. </span > </
span></p>
  <p><span id = "sprytextfield2">
    <label>密码
    <input type = "text" name = "UserPass" id = "UserPass">
    </label>
    < span  class = " textfieldRequiredMsg "> 需 要 提 供 一 个 值. </
span></span></p>
  <p><span id = "sprytextfield3">
  <label>姓名
    <input type = "text" name = "UserName" id = "UserName">
```

```
</label>
<span class = "textfieldRequiredMsg">需要提供一个值.</span></
span></p>
<input type = "submit" value = "提交">
<input type = "hidden" name = "MM_insert" value = "form1">
</form>


<script type = "text/javascript">
var sprytextfield1 = new Spry. Widget. ValidationTextField ( "
sprytextfield1", "email");
var sprytextfield2 = new Spry. Widget. ValidationTextField ( "
sprytextfield2");
var sprytextfield3 = new Spry. Widget. ValidationTextField ( "
sprytextfield3");
</script>
</body>
</html>
```

下面开始制作 login.php 页面。login.php 页面的制作方法与 Reg.php 基本类似，首先插入一个表单，表单设置如表 7-3 所示。

表 7-3　登录表单属性

项名称	属性名称	值
Email （Spry 验证文本域）	ID	E-mail
	标签文字	E-mail
	类型	电子邮件地址
	预览状态	必填
UserPass （Spry 验证文本域）	ID	UserPass
	标签文字	密码
	预览状态	必填
	输入框类型	密码
Button （按钮）	值	提交
	动作	提交表单

完成页面设置后,单击【服务器行为】面板→【＋】→【用户身份验证】→【登录用户】,在弹出的对话框中进行如图 7-7 所示的设置。

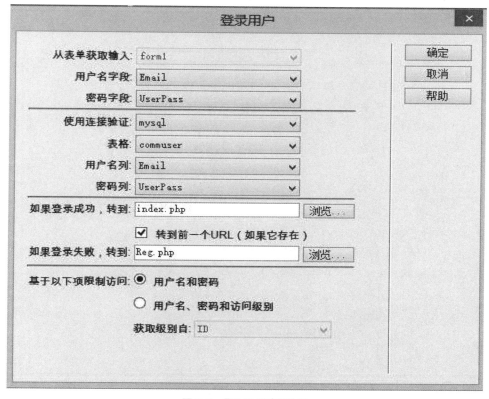

图 7-7　【登录用户】设置

单击确定按钮后,测试一下登录是否成功。login.php 页面的完整代码如【例 7.5】所示。

【例 7.5】

```php
<?php require_once('Connections/mysql.php'); ?>
<?php
if (!function_exists("GetSQLValueString")) {
function GetSQLValueString( $ theValue, $ theType, $ theDefinedValue
= "", $ theNotDefinedValue = "")
{
  if (PHP_VERSION < 6) {
```

```php
    $ theValue = get_magic_quotes_gpc() ? stripslashes( $ theValue) :
$ theValue;
    }


    $ theValue = function_exists("mysql_real_escape_string") ? mysql_
real_escape_string( $ theValue) : mysql_escape_string( $ theValue);
    switch ( $ theType) {
      case "text":
        $ theValue = ( $ theValue ! = "") ? "'" . $ theValue . "'" : "
NULL";
        break;
      case "long":
      case "int":
        $ theValue = ( $ theValue ! = "") ? intval( $ theValue) : "NULL";
        break;
      case "double":
        $ theValue = ( $ theValue ! = "") ? doubleval( $ theValue) : "
NULL";
        break;
      case "date":
        $ theValue = ( $ theValue ! = "") ? "'" . $ theValue . "'" : "
NULL";
        break;
      case "defined":
        $ theValue = ( $ theValue ! = "") ? $ theDefinedValue :
$ theNotDefinedValue;
        break;
    }
    return $ theValue;
}
}
?>
<?php
```

```
// * * * Validate request to login to this site.
if (!isset( $ _SESSION)) {
session_start();
}


$ loginFormAction = $ _SERVER['PHP_SELF'];
if (isset( $ _GET['accesscheck'])) {
    $ _SESSION['PrevUrl'] = $ _GET['accesscheck'];
}


if (isset( $ _POST['Email'])) {
    $ loginUsername = $ _POST['Email'];
    $ password = $ _POST['UserPass'];
    $ MM_fldUserAuthorization = "";
    $ MM_redirectLoginSuccess = "index.php";
    $ MM_redirectLoginFailed = "Reg.php";
    $ MM_redirecttoReferrer = true;
  mysql_select_db( $ database_mysql, $ mysql);


    $ LoginRS_ _query = sprintf ("SELECT Email, UserPass FROM commuser
WHERE Email = % s AND UserPass = % s",
    GetSQLValueString ( $ loginUsername, " text "), GetSQLValueString
( $ password, "text"));


    $ LoginRS = mysql_query( $ LoginRS__query, $ mysql) or die(mysql_
error());
    $ loginFoundUser = mysql_num_rows( $ LoginRS);
  if ( $ loginFoundUser) {
    $ loginStrGroup = "";
    if (PHP_VERSION > = 5.1) {session_regenerate_id(true);} else
{session_regenerate_id();}
    //declare two session variables and assign them
    $ _SESSION['MM_Username'] = $ loginUsername;
```

```php
    $ _SESSION['MM_UserGroup'] = $ loginStrGroup;

    if (isset( $ _SESSION['PrevUrl']) && true) {
      $ MM_redirectLoginSuccess = $ _SESSION['PrevUrl'];
    }
    header("Location: " . $ MM_redirectLoginSuccess );
  }
  else {
    header("Location: ". $ MM_redirectLoginFailed );
  }
}
?>
```

```html
<!DOCTYPE HTML>
<html>
<head>
<meta charset = "utf-8">
<title>无标题文档</title>
<script src = "SpryAssets/SpryValidationTextField.js" type = "text/javascript"></script>
< link href = " SpryAssets/SpryValidationTextField.css" rel = "stylesheet" type = "text/css">
</head>

<body>
<form action = "<?php echo $ loginFormAction; ?>" method = "POST" id = "form1">
  <p><span id = "sprytextfield1">
  <label>Email:
    <input type = "text" name = "Email" id = "Email">
  </label>
  <span class = "textfieldRequiredMsg">需要提供一个值.</span><span class = " textfieldInvalidFormatMsg" >格式无效.</span></span></p>
```

```
<p><span id = "sprytextfield2">
<label>密码:
  <input type = "password" name = "UserPass" id = "UserPass">
</label>
<span class = "textfieldRequiredMsg">需要提供一个值.</span></
span></p>
<p>  <input  type = "submit" value = "提交"></p>
</form>
<script type = "text/javascript">
var sprytextfield1 =  new  Spry. Widget. ValidationTextField ( "
sprytextfield1", "email");
var sprytextfield2 =  new  Spry. Widget. ValidationTextField ( "
sprytextfield2");
</script>
</body>
</html>
```

2）商品添加功能以及图片的上传

添加商品之前需要选择商品类别,因此先完成商品类别的添加。与登录、注册功能不同的是,商品类别与商品的增加要求访问该页面的用户必须是登录用户。

新建 addcommtype.php 和 addcomm.php 文件。addcommtype.php 中表单设置如表 7-4 所示。

表 7-4　添加商品类别表单属性

项名称	属性名称	值
TypeName （Spry 验证文本域）	ID	TypeName
	标签文字	商品类别
	类型	无
	预览状态	必填
Button （按钮）	值	提交
	动作	提交表单

完成页面设置后,增加对页面访问的限制,单击【服务器行为】面板→【＋】→

【用户身份验证】→【限制对页的访问】，在弹出的对话框中进行如图 7-8 所示的设置。

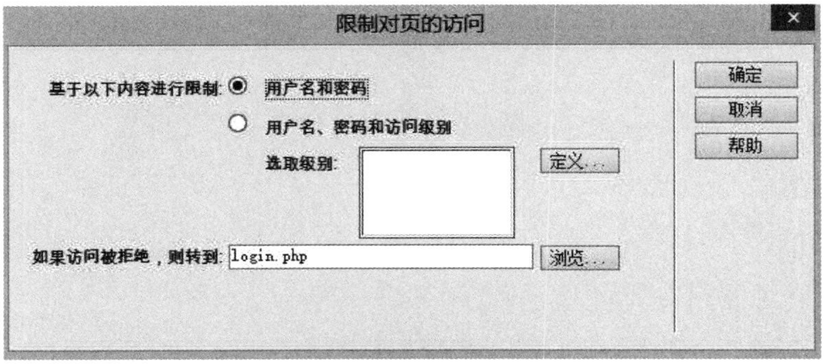

图 7-8 【限制对页的访问】对话框设置

单击确定按钮后，单击【服务器行为】面板→【＋】→【插入记录】，在弹出的对话框中进行如图 7-9 所示的设置。

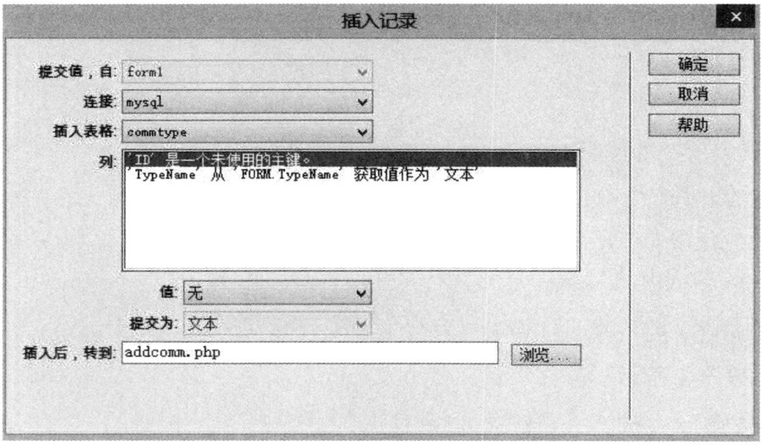

图 7-9 【插入记录】设置

预览 addcommtype.php，会发现浏览器会自动跳转到 login.php，输入正确的用户名和密码，登录成功后才能增加商品类别。addcommtype.php 页面的完整代码如【例 7.6】所示。

【例 7.6】

```php
<?php require_once('Connections/mysql.php'); ?>
<?php
if (!isset( $ _SESSION)) {
```

```php
    session_start();
}
$ MM_authorizedUsers = "";
$ MM_donotCheckaccess = "true";

// * * * Restrict Access To Page: Grant or deny access to this page
function  isAuthorized  ( $ strUsers,  $ strGroups,  $ UserName,
$ UserGroup) {
  // For security, start by assuming the visitor is NOT authorized.
  $ isValid = False;

  // When a visitor has logged into this site, the Session variable MM_
Username set equal to their username.
  // Therefore, we know that a user is NOT logged in if that Session
variable is blank.
  if (!empty( $ UserName)) {
  // Besides being logged in, you may restrict access to only certain
users based on an ID established when they login.
  // Parse the strings into arrays.
  $ arrUsers = Explode(",", $ strUsers);
  $ arrGroups = Explode(",", $ strGroups);
  if (in_array( $ UserName, $ arrUsers)) {
    $ isValid = true;
  }
  // Or, you may restrict access to only certain users based on their
username.
  if (in_array( $ UserGroup, $ arrGroups)) {
    $ isValid = true;
  }
  if (( $ strUsers = = "") && true) {
    $ isValid = true;
  }
}
```

```
    return $ isValid;
}


$ MM_restrictGoTo = "login.php";
if (!((isset( $ _SESSION['MM_Username'])) && (isAuthorized("", $ MM_
authorizedUsers, $ _SESSION['MM_Username'], $ _SESSION['MM_UserGroup
'])))) {
  $ MM_qsChar = "?";
  $ MM_referrer = $ _SERVER['PHP_SELF'];
  if (strpos( $ MM_restrictGoTo, "?")) $ MM_qsChar = "&";
  if (isset( $ _SERVER['QUERY_STRING']) && strlen( $ _SERVER['QUERY_
STRING']) > 0)
  $ MM_referrer .= "?" . $ _SERVER['QUERY_STRING'];
  $ MM_restrictGoTo = $ MM_restrictGoTo. $ MM_qsChar . "accesscheck
=" . urlencode( $ MM_referrer);
  header("Location: ". $ MM_restrictGoTo);
  exit;
}
?>
<?php
if (!function_exists("GetSQLValueString")) {
function GetSQLValueString( $ theValue, $ theType, $ theDefinedValue
= "", $ theNotDefinedValue = "")
{
  if (PHP_VERSION < 6) {
    $ theValue = get_magic_quotes_gpc() ? stripslashes( $ theValue) :
$ theValue;
  }

  $ theValue = function_exists("mysql_real_escape_string") ? mysql_
real_escape_string( $ theValue) : mysql_escape_string( $ theValue);
```

```
  switch ( $ theType) {
    case "text":
      $ theValue = ( $ theValue ! = "") ? "'" . $ theValue . "'" : "
NULL";
      break;
    case "long":
    case "int":
      $ theValue = ( $ theValue ! = "") ? intval( $ theValue) : "NULL";
      break;
    case "double":
      $ theValue = ( $ theValue ! = "") ? doubleval( $ theValue) : "
NULL";
      break;
    case "date":
      $ theValue = ( $ theValue ! = "") ? "'" . $ theValue . "'" : "
NULL";
      break;
    case "defined":
      $ theValue = ( $ theValue ! = "") ? $ theDefinedValue :
$ theNotDefinedValue;
      break;
  }
  return $ theValue;
}
}


$ editFormAction = $ _SERVER['PHP_SELF'];
if (isset( $ _SERVER['QUERY_STRING'])) {
  $ editFormAction . = "?" . htmlentities( $ _SERVER['QUERY_STRING']);
}


if ((isset( $ _POST["MM_insert"])) && ( $ _POST["MM_insert"] = = "
form1")) {
```

```php
    $ insertSQL = sprintf("INSERT INTO commtype (TypeName) VALUES ( %
s)",
                GetSQLValueString( $ _POST['TypeName'], "text"));
  mysql_select_db( $ database_mysql, $ mysql);
    $ Result1 = mysql_query( $ insertSQL, $ mysql) or die(mysql_error
());
    $ insertGoTo = "addcomm.php";
    if (isset( $ _SERVER['QUERY_STRING'])) {
      $ insertGoTo . = (strpos( $ insertGoTo, '?')) ? "&" : "?";
      $ insertGoTo . = $ _SERVER['QUERY_STRING'];
    }
    header(sprintf("Location: % s", $ insertGoTo));
}
?>
```

```html
<!DOCTYPE HTML>
<html>
<head>
<meta charset = "utf-8">
<title>无标题文档</title>
<script src = "SpryAssets/SpryValidationTextField. js" type = "text/
javascript"></script>
< link href = " SpryAssets/SpryValidationTextField. css" rel = "
stylesheet" type = "text/css">
</head>

<body>
<form name = "form1" action = "<? php echo $ editFormAction; ?>"
method = "POST" id = "form1">
  <p><span id = "sprytextfield1">
  <label>商品类别
  <input type = "text" name = "TypeName" id = "TypeName">
  </label>
  <span class = "textfieldRequiredMsg">需要提供一个值. </span></
span>   </p>
```

```
<input name = "" type = "submit" value = "提交">
<input type = "hidden" name = "MM_insert" value = "form1">
</form>
<script type = "text/javascript">
var sprytextfield1 = new Spry. Widget. ValidationTextField ( "
sprytextfield1");
</script>
</body>
</html>
```

用于增加商品信息的 addcomm.php 页面中除了包括商品信息外,还包括 3 个图片上传框,表单设置如表 7-5 所示。

表 7-5　添加商品表单

项名称	属性名称	值
CommType (Spry 验证选择)	ID	CommType
	标签文字	商品类别
	不允许	空值
	预览状态	初始
CommName (Spry 验证文本域)	ID	CommName
	标签文字	商品名称
	类型	无
	预览状态	必填
Prices (Spry 验证文本域)	ID	Prices
	标签文字	商品价格
	类型	货币
	预览状态	必填
	格式	1 000 000.00
	提示	(格式)1 000 000.00
Inventories (Spry 验证文本域)	ID	Inventories
	标签文字	库存件数
	类型	整数
	预览状态	必填
	提示	库存件数为整数

（续表）

项名称	属性名称	值
Introduction （Spry 验证文本区域）	ID	Introduction
	标签文字	商品简介
	必需的	勾选
	预览状态	必填
	最小字符数	5
	最大字符数	50
	计数器	字符计数
	禁止额外字符	勾选
ProductionDates （Spry 验证文本域）	ID	ProductionDates
	标签文字	生产日期
	类型	日期
	预览状态	必填
	格式	yyyy/mm/dd
	提示	生产日期格式为 yyyy/mm/dd
ValidityDates （Spry 验证文本域）	ID	ValidityDates
	标签文字	有效期
	类型	日期
	预览状态	必填
	格式	yyyy-mm-dd
	提示	有效期格式为 yyyy-mm-dd
DetailsInfo （Spry 验证文本区域）	ID	DetailsInfo
	标签文字	商品详细介绍
	必需的	勾选
	预览状态	必填
	最小字符数	5
	最大字符数	255
	计数器	字符计数
	禁止额外字符	勾选

（续表）

项名称	属性名称	值
3 个图像上传文件域 （文件域）	name	3 个图片上传文件域 name 属性都为 file[]，需要在代码中修改
	标签文字	图像 1、图像 2、图像 3
Button （按钮）	值	提交
	动作	提交表单

完成页面表单的制作后，便开始编写商品信息的提交代码，相对于前面内容要稍稍复杂一点，需要对代码进行修改。

首先增加对页面访问的限制，单击【服务器行为】面板→【＋】→【用户身份验证】→【限制对页的访问】，设置项与图 7-8 相同。

接下来，由于商品类别是动态绑定的，也就是说其值是从数据库中动态读取的，要在 addcomm.php 页面中创建一个连接到 commtype 表的记录集，即单击【服务器行为】面板→【＋】→【记录集】，在弹出的对话框中进行如图 7-10 所示的设置。

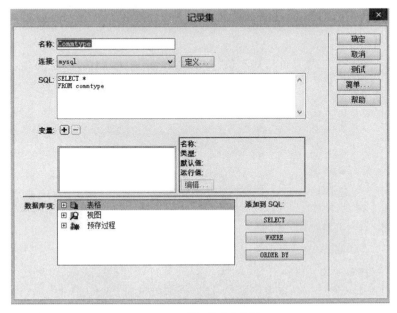

图 7-10　【记录集】设置

将记录集 Commtype 内容绑定到 CommType 下拉列表中，选择 CommType 下拉列表，单击【服务器行为】面板→【＋】→【动态表单元素】→【动态列表/菜单】，在弹出对话框中进行如图 7-11 所示的设置。

图 7-11 【动态列表/菜单】设置

单击【服务器行为】面板→【＋】→【插入记录】，在弹出对话框中进行类似图 7-9 的设置，其中"插入表格"项为 commoditiinfo，"插入后，转到"项为 index.php。

操作到此，就完成了商品基本信息的插入，而图片的上传和将图片存放路径保存到数据库还没有实现。

首先在图像 1 的＜input＞前增加如【例 7.7】所示的代码，确定上传文件大小。

【例 7.7】

```
＜input type = "hidden" name = "MAX_FILE_SIZE" value = "300000"＞
```

在插入商品信息的代码结尾处"＄insertGoTo= "index.php";"语句之前插入【例 7.8】所示的代码，用来处理图片上传，并将图片路径插入数据表 commphotos 中。

【例 7.8】

```
＄commid = mysql_insert_id();
for ( ＄i = 0; ＄i＜count( ＄_FILES['file']['name']); ＄i + + ){
    ＄uploadfile = "images/". ＄_FILES['file']['name'][ ＄i];
    if ( move_uploaded_file ( ＄_FILES ['file'] ['tmp_name'] [ ＄i],
＄uploadfile)){
```

```
    $ temsql = " insert into commphotos ( CommID, PATH ) value ('
{ $ commid}','{ $ uploadfile}')";
    $ Result2 = mysql_query( $ temsql, $ mysql) or die(mysql_error
());
  }
}
```

　　在网站的根目录建立 images 目录，用来存放上传图片。完成后预览 addcomm.php，页面如图 7-12 所示。在商品简介中输入文字，在文本框旁边会看到输入字符的计数，而商品类别显示出前面添加到数据库的商品类别。为了后面演示，这里可以多增加几件商品。

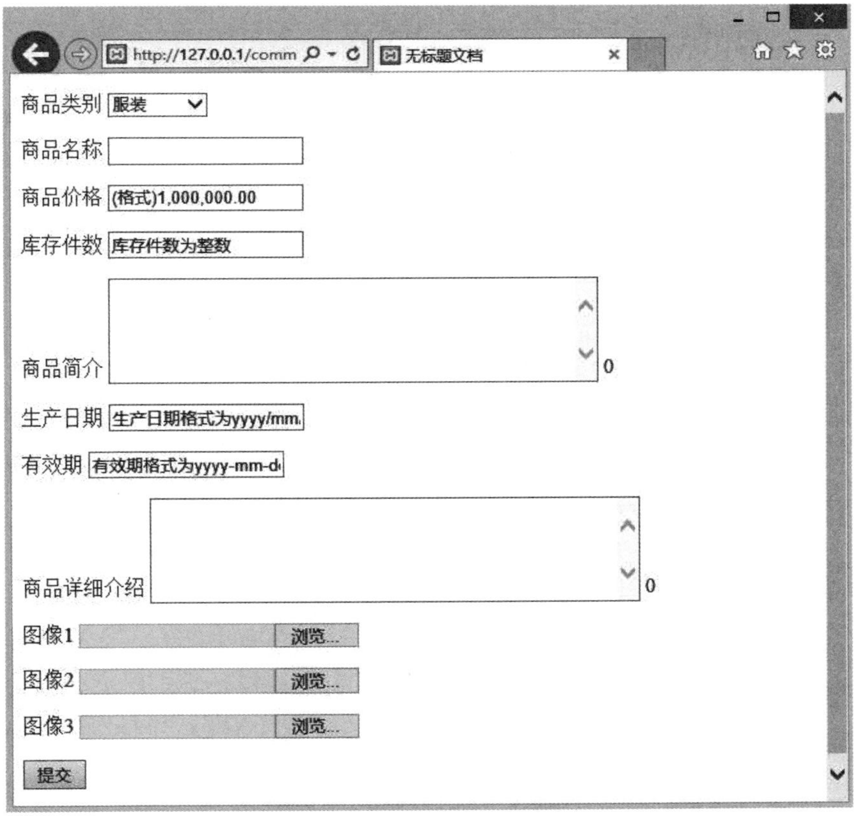

图 7-12　addcomm.php 页面

addcomm.php 完整代码如【例 7.9】所示。

【例 7.9】

```php
<?php require_once('Connections/mysql.php'); ?>
<?php
    if (!isset($_SESSION)) {
  session_start();
}
$ MM_authorizedUsers = "";
$ MM_donotCheckaccess = "true";

// * * * Restrict Access To Page: Grant or deny access to this page
function  isAuthorized ( $ strUsers,  $ strGroups,  $ UserName,
$ UserGroup) {
  // For security, start by assuming the visitor is NOT authorized.
  $ isValid = False;

  // When a visitor has logged into this site, the Session variable MM_
Username set equal to their username.
  // Therefore, we know that a user is NOT logged in if that Session
variable is blank.
  if (!empty($ UserName)) {
    // Besides being logged in, you may restrict access to only certain
users based on an ID established when they login.
    // Parse the strings into arrays.
    $ arrUsers = Explode(",", $ strUsers);
    $ arrGroups = Explode(",", $ strGroups);
    if (in_array($ UserName, $ arrUsers)) {
      $ isValid = true;
    }
    // Or, you may restrict access to only certain users based on their
username.
    if (in_array($ UserGroup, $ arrGroups)) {
      $ isValid = true;
    }
    if (( $ strUsers = = "") && true) {
```

```php
      $ isValid = true;
    }
  }
  return $ isValid;
}


$ MM_restrictGoTo = "login.php";
if (!(((isset( $ _SESSION['MM_Username'])) && (isAuthorized("", $ MM_
authorizedUsers, $ _SESSION['MM_Username'], $ _SESSION['MM_UserGroup
'])))) {
  $ MM_qsChar = "?";
  $ MM_referrer = $ _SERVER['PHP_SELF'];
  if (strpos( $ MM_restrictGoTo, "?")) $ MM_qsChar = "&";
  if (isset( $ _SERVER['QUERY_STRING']) && strlen( $ _SERVER['QUERY_
STRING']) > 0)
  $ MM_referrer . = "?" . $ _SERVER['QUERY_STRING'];
  $ MM_restrictGoTo = $ MM_restrictGoTo. $ MM_qsChar . "accesscheck
=" . urlencode( $ MM_referrer);
  header("Location: ". $ MM_restrictGoTo);
  exit;
}
?>
<?php
if (!function_exists("GetSQLValueString")) {
function GetSQLValueString( $ theValue, $ theType, $ theDefinedValue
= "", $ theNotDefinedValue = "")
{
  if (PHP_VERSION < 6) {
    $ theValue = get_magic_quotes_gpc() ? stripslashes( $ theValue) :
$ theValue;
  }

  $ theValue = function_exists("mysql_real_escape_string") ? mysql_
real_escape_string( $ theValue) : mysql_escape_string( $ theValue);
```

```
   switch ( $ theType) {
     case "text":
        $ theValue = ( $ theValue ! = "") ? "'" . $ theValue . "'" : "
NULL";
       break;
     case "long":
     case "int":
        $ theValue = ( $ theValue ! = "") ? intval( $ theValue) : "NULL";
       break;
     case "double":
        $ theValue = ( $ theValue ! = "") ? doubleval ( $ theValue) : "
NULL";
       break;
     case "date":
        $ theValue = ( $ theValue ! = "") ? "'" . $ theValue . "'" : "
NULL";
       break;
     case "defined":
        $ theValue = ( $ theValue ! = "") ? $ theDefinedValue :
 $ theNotDefinedValue;
       break;
   }
   return $ theValue;
}
}


$ editFormAction = $ _SERVER['PHP_SELF'];
if (isset( $ _SERVER['QUERY_STRING'])) {
   $ editFormAction . = "?" . htmlentities( $ _SERVER['QUERY_STRING']);
}
if ((isset( $ _POST["MM_insert"])) && ( $ _POST["MM_insert"] = = "
form1")) {
```

```php
$ insertSQL = sprintf ( " INSERT INTO commoditiinfo ( CommType,
CommName, Prices, Inventories, Introduction, ProductionDates,
ValidityDate, DetailsInfo) VALUES ( %s, %s, %s, %s, %s, %s, %s,
%s)",
        GetSQLValueString( $ _POST['CommType'], "int"),
        GetSQLValueString( $ _POST['CommName'], "text"),
        GetSQLValueString( $ _POST['Prices'], "text"),
        GetSQLValueString( $ _POST['Inventories'], "text"),
        GetSQLValueString( $ _POST['Introduction'], "text"),
        GetSQLValueString( $ _POST['ProductionDates'], "date"),
        GetSQLValueString( $ _POST['ValidityDate'], "date"),
        GetSQLValueString( $ _POST['DetailsInfo'], "text"));

  mysql_select_db( $ database_mysql, $ mysql);
  $ Result1 = mysql_query( $ insertSQL, $ mysql) or die(mysql_error
());
  $ commid = mysql_insert_id();
//if(! $ _FILES['file']){error_log( $ _FILES['file']['文件不存在']);}
else{
  for ( $ i = 0; $ i<count( $ _FILES['file']['name']); $ i + + ){
$ uploadfile = "images/". $ _FILES['file']['name'][ $ i];
if( move _ uploaded _ file ( $ _ FILES ['file'] ['tmp _ name'] [ $ i],
$ uploadfile)){
    $ temsql = " insert into commphotos ( CommID, PATH) value ('
{ $ commid}','{ $ uploadfile}')";
    $ Result2 = mysql_query( $ temsql, $ mysql) or die(mysql_error
());
}}
  $ insertGoTo = "index.php";
  if (isset( $ _SERVER['QUERY_STRING'])) {
    $ insertGoTo .= (strpos( $ insertGoTo, '?')) ? "&" : "?";
    $ insertGoTo .= $ _SERVER['QUERY_STRING'];
  }
```

```php
    header(sprintf("Location: %s", $insertGoTo));
}

mysql_select_db($database_mysql, $mysql);
$query_Commtype = "SELECT * FROM commtype";
$Commtype = mysql_query($query_Commtype, $mysql) or die(mysql_error());
$row_Commtype = mysql_fetch_assoc($Commtype);
$totalRows_Commtype = mysql_num_rows($Commtype);
?>
```

```html
<!DOCTYPE HTML>
<html>
<head>
<meta charset="utf-8">
<title>无标题文档</title>
<script src="SpryAssets/SpryValidationSelect.js" type="text/javascript"></script>
<script src="SpryAssets/SpryValidationTextField.js" type="text/javascript"></script>
<script src="SpryAssets/SpryValidationTextarea.js" type="text/javascript"></script>
<link href="SpryAssets/SpryValidationSelect.css" rel="stylesheet" type="text/css">
<link href="SpryAssets/SpryValidationTextField.css" rel="stylesheet" type="text/css">
<link href="SpryAssets/SpryValidationTextarea.css" rel="stylesheet" type="text/css">
</head>
<body>
<form name="form1" action="<?php echo $editFormAction; ?>" enctype="multipart/form-data" method="POST" id="form1">
  <p><span id="spryselect1">
  <label>商品类别
```

```
<select name = "CommType" id = "CommType">
    <?php
do {
?>
    <option value = "<?php echo $ row_Commtype['ID']?>"><?php echo
$ row_Commtype['TypeName']?></option>
    <?php
} while ( $ row_Commtype = mysql_fetch_assoc( $ Commtype));
  $ rows = mysql_num_rows( $ Commtype);
  if( $ rows > 0) {
    mysql_data_seek( $ Commtype, 0);
    $ row_Commtype = mysql_fetch_assoc( $ Commtype);
  }
?>
    </select>
  </label>
  <span class = "selectRequiredMsg">请选择一个项目.</span></
span></p>
  <p><span id = "sprytextfield1">
  <label>商品名称
    <input type = "text" name = "CommName" id = "CommName">
  </label>
  <span class = "textfieldRequiredMsg">需要提供一个值.</span></
span></p>
  <p><span id = "sprytextfield2">
  <label>商品价格
  <input type = "text" name = "Prices" id = "Prices">
  </label>
  <span class = "textfieldRequiredMsg">需要提供一个值.</span><
span class = " textfieldInvalidFormatMsg" > 格 式 无 效. </span > </
span></p>
  <p><span id = "sprytextfield3">
  <label>库存件数
```

```
<input type = "text" name = "Inventories" id = "Inventories">
</label>
<span class = "textfieldRequiredMsg">需要提供一个值.</span><
span class = " textfieldInvalidFormatMsg " > 格 式 无 效. </span > </
span></p>
  <p><span id = "sprytextarea1">
<label>商品简介
  <textarea name = "Introduction" id = "Introduction" cols = "45"
rows = "5"></textarea>
  <span id = "countsprytextarea1"> </span></label>
  <span class = "textareaRequiredMsg">需要提供一个值.</span><
span class = "textareaMinCharsMsg">不符合最小字符数要求.</span><
span class = "textareaMaxCharsMsg">已超过最大字符数.</span></
span></p>
  <p><span id = "sprytextfield4">
<label>生产日期
    < input type = " text " name = " ProductionDates " id = "
ProductionDates">
</label>
  <span class = "textfieldRequiredMsg">需要提供一个值.</span><
span class = " textfieldInvalidFormatMsg " > 格 式 无 效. </span > </
span></p>
  <p><span id = "sprytextfield5">
<label>有效期
  <input type = "text" name = "ValidityDate" id = "ValidityDate">
</label>
  <span class = "textfieldRequiredMsg">需要提供一个值.</span><
span class = " textfieldInvalidFormatMsg " > 格 式 无 效. </span > </
span></p>
  <p><span id = "sprytextarea2">
<label>商品详细介绍
  <textarea name = "DetailsInfo" id = "DetailsInfo" cols = "45" rows
= "5"></textarea>
```

```
      <span id = "countsprytextarea2"> </span></label>
   <span class = "textareaRequiredMsg">需要提供一个值.</span><
span class = "textareaMinCharsMsg">不符合最小字符数要求.</span><
span class = "textareaMaxCharsMsg">已超过最大字符数.</span></
span></p>
   <p><label>图像 1
   <input type = "hidden" name = "MAX_FILE_SIZE" value = "300000">
   <input name = "file[ ]" type = "file" id = "photos"/></label></
p>
   <p><label>图像 2
   <input name = "file[ ]" type = "file" id = "photos2"/></label></
p>
   <p><label>图像 3
   <input name = "file[ ]" type = "file" id = "photos3"/></label></
p>
   <p><label><input name = "button" type = "submit" value = "提
交"></label></p>
   <input type = "hidden" name = "MM_insert" value = "form1">
</form>
<script type = "text/javascript">
var spryselect1 = new Spry.Widget.ValidationSelect("spryselect1");
var sprytextfield1 = new Spry. Widget. ValidationTextField ( "
sprytextfield1");
var sprytextfield2 = new Spry. Widget. ValidationTextField ( "
sprytextfield2", "currency", {hint:"(格式)1,000,000.00"});
var sprytextfield3 = new Spry. Widget. ValidationTextField ( "
sprytextfield3", "integer", {hint:"库存件数为整数"});
var sprytextarea1 = new Spry. Widget. ValidationTextarea ( "
sprytextarea1", {minChars:5, maxChars:50, counterType:"chars_count",
counterId:"countsprytextarea1"});
var sprytextfield4 = new Spry. Widget. ValidationTextField ( "
sprytextfield4", "date", {format:"yyyy/mm/dd", hint:"生产日期格式为
yyyy/mm/dd"});
```

```
var sprytextfield5 = new Spry. Widget. ValidationTextField ( "
sprytextfield5", "date", {format:" yyyy-mm-dd", hint:"有效期格式为
yyyy-mm-dd"});
var sprytextarea2 = new Spry. Widget. ValidationTextarea ( "
sprytextarea2", {minChars: 5, maxChars: 255, counterType:" chars _
count", counterId:"countsprytextarea2"});
</script>
</body>
</html>
<?php
mysql_free_result( $ Commtype);
?>
```

3）商品显示后台处理

本例商品类别与商品的显示应用 Dreamweaver 所带的 Spry 框，所以首先要完成显示所需的 XML 输出处理，即从数据库中取出商品数据，生成商品 XML 数据。

首先新建空文件 commtype.php，单击【服务器行为】面板→【＋】→【记录集】，插入对 commtype 关联的数据集，记录集名称为 commtype。然后对产生的代码进行修改，以便输出 XML 文件供 Spry 读取，完整代码如【例 7.10】所示。

【例 7.10】

```
<?php require_once('Connections/mysql.php'); ?>
<?php
if (!function_exists("GetSQLValueString")) {
function GetSQLValueString( $ theValue, $ theType, $ theDefinedValue
= "", $ theNotDefinedValue = "")
{
  if (PHP_VERSION < 6) {
    $ theValue = get_magic_quotes_gpc() ? stripslashes( $ theValue) :
$ theValue;
  }
  $ theValue = function_exists("mysql_real_escape_string") ? mysql_
real_escape_string( $ theValue) : mysql_escape_string( $ theValue);
```

```php
    switch ( $theType) {
        case "text":
            $theValue = ( $theValue ! = "") ? "'" . $theValue . "'" : "
NULL";
            break;
        case "long":
        case "int":
            $theValue = ( $theValue ! = "") ? intval( $theValue) : "NULL";
            break;
        case "double":
            $theValue = ( $theValue ! = "") ? doubleval( $theValue) : "
NULL";
            break;
        case "date":
            $theValue = ( $theValue ! = "") ? "'" . $theValue . "'" : "
NULL";
            break;
        case "defined":
            $theValue = ( $theValue ! = "") ? $theDefinedValue :
$theNotDefinedValue;
            break;
    }
    return $theValue;
}
}
mysql_select_db( $database_mysql, $mysql);
$query_commtype = "SELECT * FROM commtype ORDER BY ID ASC";
$commtype = mysql_query( $query_commtype, $mysql) or die(mysql_
error());
//屏蔽的内容
// $row_commtype = mysql_fetch_assoc( $commtype);
$totalRows_commtype = mysql_num_rows( $commtype);
```

```
/ * * * * * * * * * * * * * * * * * * * * * *
新增部分,用于将查询结果转换为 XML
 * * * * * * * * * * * * * * * * * * * * * * * * /
header('Content-Type: text/xml;charset = utf-8');
header('Cache-Control:no-cache,must-revalidate');
header('pragma:no-cache');
if( $ totalRows_commtype>0){
echo '<?xml version = "1.0" encoding = "utf-8"?>';
echo '<commoditytype>';
while( $ row_commtype = mysql_fetch_assoc( $ commtype)){
echo '<type id = "'. $ row_commtype["ID"].'" value = "'. $ row_commtype["
TypeName"].'" />';
}
echo '</commoditytype>';
}
mysql_free_result( $ commtype);
?>
```

　　预览 commtype.php,会出现如图 7-13 所示的商品类型页面,显示的是 XML 文档。

　　新建空文件 comminfo.php,同样单击【服务器行为】面板→【+】→【记录集】,插入记录集,根据 URL 参数设置数据集,如图 7-14 所示。

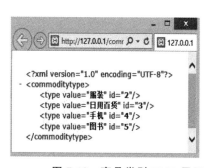

图 7-13　商品类别 XML 显示

图 7-14　插入 comminfo 记录集

虽然可以通过 URL 参数得到不同结果的记录集，但是本例中还需要显示所有类别的商品，所以还需要对生成的代码进行修改，修改后的代码如【例 7.11】所示。

【例 7.11】

```php
<?php require_once('Connections/mysql.php'); ?>
<?php
if (!function_exists("GetSQLValueString")) {
function GetSQLValueString($theValue, $theType, $theDefinedValue
= "", $theNotDefinedValue = "")
{
  if (PHP_VERSION < 6) {
    $theValue = get_magic_quotes_gpc() ? stripslashes($theValue) :
$theValue;
  }

  $theValue = function_exists("mysql_real_escape_string") ? mysql_
real_escape_string($theValue) : mysql_escape_string($theValue);

  switch ($theType) {
    case "text":
      $theValue = ($theValue != "") ? "'" . $theValue . "'" : "
NULL";
      break;
    case "long":
    case "int":
      $theValue = ($theValue != "") ? intval($theValue) : "NULL";
      break;
    case "double":
      $theValue = ($theValue != "") ? doubleval($theValue) : "
NULL";
      break;
    case "date":
      $theValue = ($theValue != "") ? "'" . $theValue . "'" : "
NULL";
```

```
        break;
   case "defined":
        $ theValue = ( $ theValue ! = "") ? $ theDefinedValue :
$ theNotDefinedValue;
        break;
   }
   return $ theValue;
}
}


$ colname_comminfo = "-1";
if (isset( $ _GET['CommType'])) {
   $ colname_comminfo = $ _GET['CommType'];
}
mysql_select_db( $ database_mysql, $ mysql);
/ * * * * * * * * * * * * * * * * * * * * * * * * * * * * * * *
修改内容
* * * * * * * * * * * * * * * * * * * * * * * * * * * * * * * */
if( $ colname_comminfo! = "-1"){
 $ query _ comminfo = sprintf ( " SELECT commtype. TypeName,
commoditiinfo. *
FROM commoditiinfo, commtype
WHERE commoditiinfo. CommType = commtype. ID and commoditiinfo. CommType
= % s ORDER BY ID DESC", GetSQLValueString ( $ colname_ comminfo, "
int"));
}else{
 $ query_comminfo = 'SELECT commtype. TypeName, commoditiinfo. *
FROM commoditiinfo, commtype
WHERE commoditiinfo. CommType = commtype. ID';
}
 $ comminfo = mysql_query( $ query_comminfo, $ mysql) or die(mysql_
error());
```

```php
// $ row_comminfo = mysql_fetch_assoc( $ comminfo);
 $ totalRows_comminfo = mysql_num_rows( $ comminfo);
header('Content-Type: text/xml;charset = utf-8');
header('Cache-Control:no-cache,must-revalidate');
header('pragma:no-cache');
echo '<?xml version = "1.0" encoding = "utf-8"?>';
echo '<commodity>';
while( $ row_comminfo = mysql_fetch_assoc( $ comminfo)){
echo '<commodityinfo id = "'. $ row_comminfo["ID"]."'>';
echo "<CommTypeID>{ $ row_comminfo["CommType"]}</CommTypeID>";
echo "<CommType>{ $ row_comminfo["TypeName"]}</CommType>";
echo "<CommName>{ $ row_comminfo["CommName"]}</CommName>";
echo "<Prices>{ $ row_comminfo["Prices"]}</Prices>";
echo " < Inventories > { $ row _ comminfo [ " Inventories "]} </
Inventories>";
echo " < Introduction > { $ row _ comminfo [ " Introduction "]} </
Introduction>";
echo " < ProductionDates > { $ row _ comminfo [ " ProductionDates "]} </
ProductionDates>";
echo " < ValidityDate > { $ row _ comminfo [ " ValidityDate "]} </
ValidityDate>";
echo " < DetailsInfo > { $ row _ comminfo [ " DetailsInfo "]} </
DetailsInfo>";
echo '</commodityinfo>';
}
echo '</commodity>';
mysql_free_result( $ comminfo);
?>
```

其中,主要增加了根据 CommType 这一 URL 参数来生成 SQL 的相关实现。将商品类别由编号更换为名称,并生成 XML 格式页面。运行 comminfo. php,会出现如图 7-15 所示的页面,以 XML 格式显示了前面所增加的商品信息。

图 7-15　comminfo 信息 XML 显示

商品图片信息获取页面 photo.php 的实现与商品信息的获取实现基本类似,只不过记录集名称为 photos。根据 URL 参数 CommID 生成 SQL,并生成 XML 格式输出,其完整代码如【例 7.12】所示。

【例 7.12】

```php
<?php require_once('Connections/mysql.php'); ?>
<?php
if (!function_exists("GetSQLValueString")) {
function GetSQLValueString( $ theValue,  $ theType,  $ theDefinedValue
= "",  $ theNotDefinedValue = "")
{
  if (PHP_VERSION < 6) {
    $ theValue = get_magic_quotes_gpc() ? stripslashes( $ theValue) :
$ theValue;
  }
```

```
  $ theValue = function_exists("mysql_real_escape_string") ? mysql_
real_escape_string( $ theValue) : mysql_escape_string( $ theValue);


  switch ( $ theType) {
    case "text":
      $ theValue = ( $ theValue ! = "") ? "'" . $ theValue . "'" : "
NULL";
      break;
    case "long":
    case "int":
      $ theValue = ( $ theValue ! = "") ? intval( $ theValue) : "NULL";
      break;
    case "double":
      $ theValue = ( $ theValue ! = "") ? doubleval( $ theValue) : "
NULL";
      break;
    case "date":
      $ theValue = ( $ theValue ! = "") ? "'" . $ theValue . "'" : "
NULL";
      break;
    case "defined":
        $ theValue = ( $ theValue ! = "") ? $ theDefinedValue :
$ theNotDefinedValue;
      break;
  }
  return $ theValue;
}
}


$ colname_photos = "-1";
if (isset( $ _GET['CommID'])) {
  $ colname_photos = $ _GET['CommID'];
}
```

```
mysql_select_db( $ database_mysql, $ mysql);
$ query_photos = sprintf("SELECT PATH FROM commphotos WHERE CommID =
% s ORDER BY ID ASC", GetSQLValueString( $ colname_photos, "int"));
$ photos = mysql_query( $ query_photos, $ mysql) or die(mysql_error
());
// $ row_photos = mysql_fetch_assoc( $ photos);
$ totalRows_photos = mysql_num_rows( $ photos);
/ * * * * * * * * * * * * * * * * * * * * * * * *
修改内容
* * * * * * * * * * * * * * * * * * * * * * * * * * * /
header('Content-Type: text/xml;charset = utf-8');
header('Cache-Control:no-cache,must-revalidate');
header('pragma:no-cache');
echo '<?xml version = "1.0" encoding = "utf-8"?>';
echo '<photos>';
while( $ row_Photos = mysql_fetch_assoc( $ photos)){
echo '<path>'. $ row_Photos["PATH"].'</path>';
}
echo '</photos>';
mysql_free_result( $ photos);
?>
```

photo.php 输出的 XML 格式如图 7-16 所示。

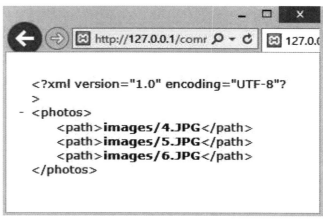

图 7-16   photo.php 输出的 XML 格式

4）商品前台显示

商品的信息已经输入，并且已经实现了前端显示所需要的 XML 文件输出，接下来就开始制作在线购物系统的前台显示页面。

【新建】→【空白页】→【页面类型】→【PHP】→【布局】→【2 列固定，左侧栏、标题和题注】，保存为 index.php，并删除页面中的文字，仅保留页面布局，显示的初始页面如图 7-17 所示。

图 7-17   index.php 初始显示页面

为了更好地显示列表数据，还需要建立一个 CSS 文件，实现当鼠标移动到单元格时背景变化以及单击该行后的字体颜色的变化，命名为 default.css 保存在根目录下，代码如【例 7.13】所示。

【例 7.13】

```
.rowHover {
    color: #000;
    background-color: #777;
    cursor: pointer;
}
.rowSelected { color: #fc0; }
```

在 index.php 编辑区单击右键，在弹出菜单中选择【CSS 样式】→【附加样式表】，在弹出的对话框中，选择刚才所建立的 default.css 文件。

首先在左侧栏中通过【Spry】→【Spry 折叠式】增加折叠栏，该折叠栏分为 4 栏，分别用于商品分类、在线订单、已购买商品、商品管理等导航。

商品分类 TAB 中将显示所有分类，并通过单击商品分类在右侧内容区中显示商品信息。鼠标选中商品分类 TAB 的内容区，通过【Spry】→【Spry 数据集】，分 3 步操作插入数据集，第一步设置数据集名称为 commtype、XML 源指向 commtype.php，获取架构后，Xpath 设置为 commditytype/type；第二步勾选"禁用 XML 数据缓存"；第三步插入 Spry 表，其设置如图 7-18 中(a)～(c)所示。

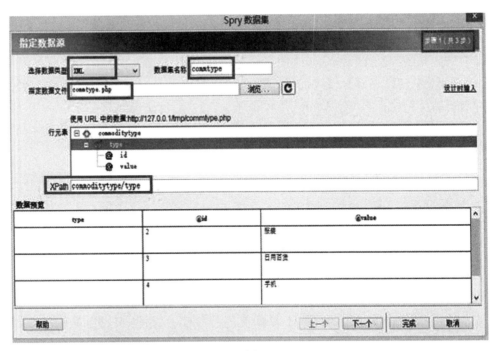

（a）

（b）

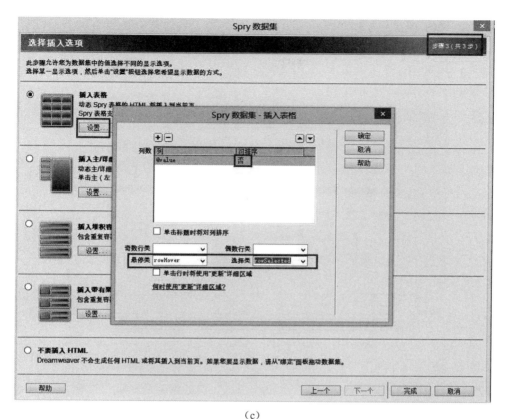

（c）

图 7-18   插入商品类别 Spry 数据集与表格

　　将插入的表格的第一行文字修改为"全部"，表格宽度设置为"100%"，完成之后，运行 index.php，预览效果如图 7-19 所示，可以看到在折叠表中已经出现了商品类别列表。

图 7-19

接下来,再次分3步新建一个数据集,第一步设置数据集名称为comminfo,XML 源 指 向 comminfo. php,获 取 架 构 后,Xpath 设 置 为 commodity/commodityinfo;第二步勾选"禁用 XML 数据缓存";第三步插入 Spry 表,其设置如图7-20中(a)~(c)所示。

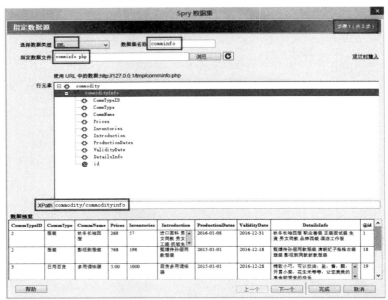

(a)

(b)

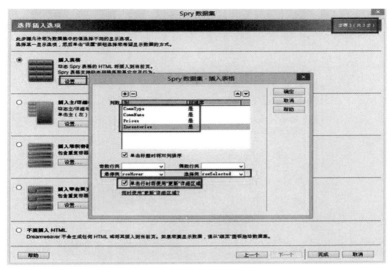

（c）

图 7-20 插入商品信息 Spry 数据集与表格

在第三步让所有的列都可以通过单击进行排序，并且勾选了"单击行时将使用更新详细区域"这一项，通过这样的设置，可以在表格中仅显示商品的简要信息，而在详细区域中显示商品的详细信息。将表格第一行中自动生成的文字修改为字段的中文名字。

在上一个插入的 Spry 区域下方【插入】菜单→【Spry】→【Spry 选项卡式面板】，该面板中有 3 个 TAB，分别对应商品简介、商品详细信息、下达订单。鼠标选中TAB1 的内容处，单击【插入】菜单→【Spry】→【Spry 区域】，设置项如图 7-21 所示。

图 7-21 插入 Spry 详细区域

需要注意的是，插入 Spry 区域的类型是详细区域，这样就可以与前面的商品信息表的选择情况相关联。确定后，将【绑定】面板上"comminfo"下的"Introduction"项拖动到刚才所插入的区域中。

切换到第二个面板"商品详细信息"的内容处，同样插入一个类型为详细区域的 Spry 区域，并在其中插入文字、数据库关联项与图片占位符，如图 7-22 所示。

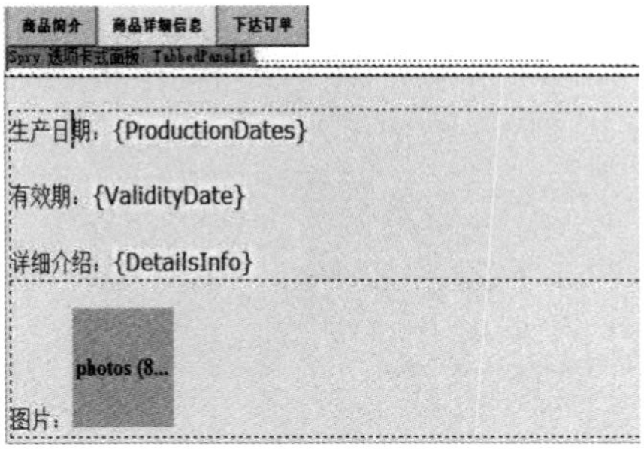

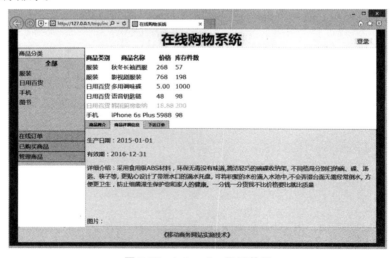

图 7-22　商品详细信息面板设计

在图 7-22 中，用"{}"括起来的部分是【绑定】面板上的"comminfo"下相应项拖动过来的，操作方式与商品简介相同；虚线部分位于一个 DIV 内；DIV 下方是命名为 photos，80 * 80 的图片占位符，可以用来展示商品的图片信息，可执行图片切换以及使用幻灯片方式自动播放等操作。

预览 index.php，效果如图 7-23 所示。当单击上方的商品列表时，下方的面板会分别显示商品的简介和商品的详细信息，同时当单击商品列表第一行时会自动进行排序。

图 7-23　index.php 显示效果

5）让导航起作用

前面已经将商品类别与 XML 数据集相绑定,但并没有与商品信息相关联,本节将实现商品导航功能,单击商品类别时,商品信息列表随之变化。

在 index.php 代码中增加【例 7.14】所示代码,该代码将用来处理 comminfo 数据集的过滤工作。

【例 7.14】

```
<script type = "text/javascript">
… … … … … … … …
function FilterData(CommtypeID)
{
    if (!CommtypeID)
    {
      comminfo.filter(null);
      return;
    }
    var regExpStr = CommtypeID;
    var filterFunc = function(ds, row, rowNumber)
    {
      var str = row["CommTypeID"];    //获取当前行的 CommTypeID 值
      if (str && str.search(regExpStr) ! = -1)
        return row;
      return null;
    };
    comminfo.filter(filterFunc);
}
</script>
<link href = "default.css" rel = "stylesheet" type = "text/css">
<link href = " SpryAssets/SpryTabbedPanels. css" rel = " stylesheet"
type = "text/css">
< link  href  = " SpryAssets/SpryValidationTextField. css " rel = "
stylesheet" type = "text/css">

<script type = "text/javascript">
/
```

```
      if (str && str.search(regExpStr) ! = -1)
        return row;
      return null;
    };
    comminfo.filter(filterFunc);
}
… … … … … … … …
</script>
```

然后将商品类别导航部分的代码修改为如【例 7.15】所示的代码。

【例 7.15】

```
<div spry:region = "commtype">
  <table width = "100 %">
    <tr>
      <th><a href = " # " onClick = "FilterData();return false;">全
部</a></th>
    </tr>
    <tr spry:repeat = "commtype" spry:setrow = "commtype" spry:hover
= "rowHover" spry:select = "rowSelected">
      <td><a href = " # " onClick = "FilterData({@ id});return
false;">{@value}</a></td>
    </tr>
  </table>
</div>
```

6）让商品图片动起来

为了让商品图片动起来,每个商品会有三张图片,需要实现的效果是首先显示一张,单击下方的"上一张"和"下一张"超链接时进行图片切换,单击"开始幻灯片"和"停止幻灯片"时自动切换图片和停止换图。

在代码编辑状态,将光标移动到 JavaScript 块尾部,创建名为 photos 的 Spry XML 数据集,该数据集来自 photo.php 在运行时所输出的 XML 结构,代码如【例 7.16】所示。

【例 7.16】

```
var photos = new Spry. Data. XMLDataSet ( " photos. php? CommID =
{comminfo::@id}",
          "photos/path", {useCache: false});
```

选定图片占位符,插入 Spry 区域,其 Spry 数据集为 photos,插入选择"环绕选定内容",如图 7-24 所示。

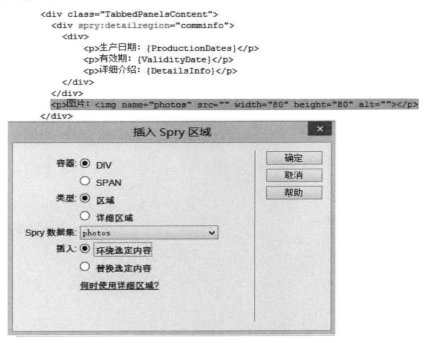

图 7-24　为图片占位符插入 Spry 区域

在 JavaScript 块尾部,通过【文件】→【代码片段】→【JavaScript】→【图像】,插入"切换图像"与"幻灯片放映"代码,并进行一些扩展与修改,实现代码如【例 7.17】所示。

【例 7.17】

```
<script type = "text/javascript">
… … … … … … … …
// 插入的切换图像代码
function switchImage( imgName, imgSrc)
```

```
{

  if (document.images)

  {

    if (imgSrc ! = "none")
    {

      document.images[imgName].src = imgSrc;

    }

  }

}
//插入的幻灯片代码
function SlideShow(slideList, image, speed, name)

{

  this.slideList = slideList;

  this.image = image;

  this.speed = speed;

  this.name = name;

  this.current = 0;

  this.timer = 0;
```

```
}
SlideShow.prototype.play = SlideShow_play;
//增加内容
SlideShow.prototype.stop = SlideShow_stop;
function  SlideShow_stop(){
  clearTimeout(this.timer);
}
function SlideShow_play()

{

  with(this)

  {

    if(current + +  = = slideList.length-1) current = 0;
    switchImage(image, slideList[current]);
    clearTimeout(timer);
    timer = setTimeout(name + '.play()', speed);
  }
}
```

```
//切换图片
function NextImage(controltype){
    var rows = photos.getData();
    var curRow = photos.getCurrentRow();
    if (rows.length < 1)
      return;
    for (var i = 0; i < rows.length; i + +)
    {
      if (rows[i] = = curRow)
      {
        if (controltype = = 'brack')
```

```
         --i;
      else
        + + i;
      break;
    }
  }
  if ((controltype! = 'brack') && i > = rows.length)
    i = 0;
  else if ((controltype = = 'brack') && i < 0)
    i = rows.length - 1;

  curRow = rows[i];
  photos.setCurrentRow(curRow["ds_RowID"]);
  switchImage("photos",curRow["path"]);
}
//开始图片幻灯片播放
var myplay;
function myslide(){

  var rows = photos.getData();
  var imagelist = new Array();
  for(var i = 0;i<rows.length; i + + ){
    imagelist[i] = rows[i]["path"];
  }
  myplay = new SlideShow(imagelist,"photos",'800','myplay');
  myplay.play();
}
</script>
```

在【例 7.17】中增加了 NextImage 函数用来处理上一张与下一张的操作，myslide 函数则做了开始幻灯片处理，这两个函数分别调用了 switchImage 和 SlideShow，同时还为 SlideShow 增加了 stop 方法以便停止幻灯片放映。

修改图片的部分代码，如【例 7.18】所示。

【例 7.18】

```
    <div spry:region = "photos">
    <p>商品图片:<img   name = "photos" src = "{path}" width = "
100" height = "100" alt = "图片不存在"></p>
    </div>
    <p><a href = " # " onclick = "NextImage('brack'); return
false">上一张</a>  <a href = " # " onclick = "NextImage("); return
false">下一张</a> <a href = " # " onclick = "myslide(); return
false">开始幻灯片</a> <a href = " # " onclick = "myplay.stop();
return false">停止幻灯片</a></p>
    </div>
```

在【例 7.18】中将 img 的 src 属性设置为"{path}",并分别为图片导航部分增加了相应的 onclick 事件。再次运行 index.php,会看到如果单击商品信息时,图片会随着变化,"上一张""下一张"可以完成图片的切换,而且可以进行幻灯片播放图片。

7）开始下订单

前面完成了用户的注册和登录、商品的增加、商品的显示,本节将完成下订单功能。

客户在线下达订单时是保存在 Session 中,仅当用户确定订单后才将 Session 的内容写入数据库,并显示在已购买商品中。为此,需要制作 SetSession.php、GetSession.php、AddOrders.php、GetOrders.php 这四个 PHP 文件,分别用于将订单写入 Session 中,从 Session 中读取订单,将在线订单写入数据库并删除 Session 中的订单以及减少商品库存,获取已购买商品。

这四个 PHP 页面都是需要用户登录后才可进行的操作。所以在这四个页面的首部都需插入限制对页的访问代码块,并进行一些修改。

新建空文件 SetSession.php,单击【服务器行为】面板→【＋】→【用户身份验证】→【限制对页的访问】,修改 SetSession.php 中的跳转部分,以及增加了 Session 中的 comm 项,实现代码如【例 7.19】所示。

【例 7.19】

```
<?php
if (!isset( $ _SESSION)) {
  session_start();
}
$ MM_authorizedUsers = "";
$ MM_donotCheckaccess = "true";
```

```
// * * * Restrict Access To Page: Grant or deny access to this page
function   isAuthorized  ( $ strUsers,    $ strGroups,    $ UserName,
 $ UserGroup) {
    // For security, start by assuming the visitor is NOT authorized.
    $ isValid = False;

    // When a visitor has logged into this site, the Session variable MM_
Username set equal to their username.
    // Therefore, we know that a user is NOT logged in if that Session
variable is blank.
    if (!empty( $ UserName)) {
    // Besides being logged in, you may restrict access to only certain
users based on an ID established when they login.
    // Parse the strings into arrays.
    $ arrUsers = Explode(",", $ strUsers);
    $ arrGroups = Explode(",", $ strGroups);
    if (in_array( $ UserName, $ arrUsers)) {
        $ isValid = true;
    }
       // Or, you may restrict access to only certain users based on their
username.
       if (in_array( $ UserGroup, $ arrGroups)) {
           $ isValid = true;
       }

       if (( $ strUsers = = "") && true) {
           $ isValid = true;
       }
    }
    return $ isValid;
}

$ MM_restrictGoTo = "login.php";
```

```php
if (!((isset($ _SESSION['MM_Username'])) && (isAuthorized("", $ MM_
authorizedUsers, $ _SESSION['MM_Username'], $ _SESSION['MM_UserGroup
'])))) {
  $ MM_qsChar = "?";
  $ MM_referrer = $ _SERVER['PHP_SELF'];
  if (strpos($ MM_restrictGoTo, "?")) $ MM_qsChar = "&";
  if (isset($ _SERVER['QUERY_STRING']) && strlen($ _SERVER['QUERY_
STRING']) > 0)
  $ MM_referrer .= "?" . $ _SERVER['QUERY_STRING'];
  $ MM_restrictGoTo = $ MM_restrictGoTo. $ MM_qsChar . "accesscheck
= " . urlencode($ MM_referrer);
// 修改的内容
// header("Location: ". $ MM_restrictGoTo);
  echo '0';
  exit;
  }


//增加的内容
  $ comm = $ _SESSION["comm"];
 $ comm[] = array("CommID"=> $ _POST["CommID"],"Prices"=> $ _POST["
Prices"],"CommNum"=> $ _POST["CommNum"]   ,"CommName"=> $ _POST["
CommName"]);
  $ _SESSION["comm"] = $ comm;
?>
```

GetSession.php 与 SetSession.php 操作类似，也验证了用户是否登录，同时还实现了对当前 Session 中的 comm 项进行 XML 输出，实现代码如【例 7.20】所示。

【例 7.20】

```php
<?php
error_reporting(0);
if (!isset($ _SESSION)) {
  session_start();
}
```

```
$ MM_authorizedUsers = "";
$ MM_donotCheckaccess = "true";
  // * * * Restrict Access To Page: Grant or deny access to this page
function  isAuthorized  ( $ strUsers,  $ strGroups,  $ UserName,
$ UserGroup) {
  // For security, start by assuming the visitor is NOT authorized.
  $ isValid = False;


  // When a visitor has logged into this site, the Session variable MM_
Username set equal to their username.
  // Therefore, we know that a user is NOT logged in if that Session
variable is blank.
  if (! empty( $ UserName)) {
  // Besides being logged in, you may restrict access to only certain
users based on an ID established when they login.
  // Parse the strings into arrays.
  $ arrUsers = Explode(",", $ strUsers);
  $ arrGroups = Explode(",", $ strGroups);
  if (in_array( $ UserName, $ arrUsers)) {
  $ isValid = true;
  }
  // Or, you may restrict access to only certain users based on their
username.
    if (in_array( $ UserGroup, $ arrGroups)) {
      $ isValid = true;
    }
    if (( $ strUsers = = "") && true) {
      $ isValid = true;
    }
  }
  return $ isValid;
}
```

```php
$ MM_restrictGoTo = "login.php";
if (!(((isset( $ _SESSION['MM_Username'])) && (isAuthorized("", $ MM_
authorizedUsers, $ _SESSION['MM_Username'], $ _SESSION['MM_UserGroup
'])))) {
    $ MM_qsChar = "?";
    $ MM_referrer = $ _SERVER['PHP_SELF'];
    if (strpos( $ MM_restrictGoTo, "?")) $ MM_qsChar = "&";
    if (isset( $ _SERVER['QUERY_STRING']) && strlen( $ _SERVER['QUERY_
STRING']) > 0)
    $ MM_referrer . = "?" . $ _SERVER['QUERY_STRING'];
    $ MM_restrictGoTo = $ MM_restrictGoTo. $ MM_qsChar . "accesscheck
= " . urlencode( $ MM_referrer);
//修改的内容
// header("Location: ". $ MM_restrictGoTo);
    echo '0';
    exit;

}

    //增加的内容
    $ comm = $ _SESSION["comm"];

header('Content-Type: text/xml;charset = utf-8');
header('Cache-Control:no-cache,must-revalidate');
header('pragma:no-cache');
echo '<?xml version = "1.0" encoding = "utf-8"?>';
echo '<Orders>';
    if(isset( $ comm)){
        foreach( $ comm as $ key=> $ value){
        echo "<Order id = '{ $ key}'>";
        echo "<CommID>{ $ value["CommID"]}</CommID>";
        echo "<Prices>{ $ value["Prices"]}</Prices>";
        echo "<CommNum>{ $ value["CommNum"]}</CommNum>";
        echo "<CommName>{ $ value["CommName"]}</CommName>";
```

```
        echo '</Order>';

    }
  }
  echo '</Orders>';
?>
```

接下来修改 index.php 实现用户在线下订单的操作入口与查看入口，此时假定用户使用 IE 浏览器。首先增加如【例 7.21】所示的 JavaScript 代码块，用于无刷新提交用户订单。

【例 7.21】

```
<script type = "text/javascript">
//购物车无刷新提交
function setSession(){
  var curRows = comminfo.getCurrentRow();
  var ll = "CommID = " + curRows["@ id"] + "&CommName = " + curRows["
CommName"];
  ll = ll + "&Prices = " + curRows["Prices"] + "&CommNum = " + document.
form1.commnum.value;
  var xmlhttp = new ActiveXObject("Microsoft.XMLHTTP");
  xmlhttp.open("POST","SetSession.php",false);
  xmlhttp.setRequestHeader("Content-Type","application/x-www-form-
urlencoded");
  xmlhttp.send(ll);
  if(unescape(xmlhttp.responseText)! = '0'){
    document.form1.commnum.value = ";
    alert('订单已加入购物车');
  }else{
    if(confirm("本功能需要登录用户方可操作,请先登录!")){
    location.href = "Login.php";
    }
  }
}
</script>
```

在这段代码中,动态读取了"comminfo"XML 数据集的当前行数据,也就是用户在商品信息列表中选择的行,其中的"document.form1.commnum"是指在后面将要增加的文本域 ID。

接下来在选项卡 TAB3 的内容区域增加一个表单,由表单和一个 Spry 验证文本域以及按钮组成,其代码如【例 7.22】所示。

【例 7.22】

```
< form  action = ""  method = " post "  name = " form1 "  onSubmit = "
setSession();return false;">
    <span id = "sprytextfield1">
    <label>商品件数:
        <input type = "text" name = "commnum" id = "commnum">
    </label>
    < span  class = " textfieldRequiredMsg " > 需 要 提 供 一 个 值. </
span></span>
    <p><input name = "button" type = "submit" value = "提交"></p>
</form>
```

在 index.php 中还需要增加一个 Spry 数据集,如【例 7.23】所示。

【例 7.23】

```
var sessioncomm  =  new Spry. Data. XMLDataSet ( "GetSession. php", "
Orders/Order",
    {useCache: false,loadInterval:1000});
```

在其中设置了每隔 1 000 毫秒自动刷新一次。然后在左侧的折叠面板的TAB2 内容区插入如【例 7.24】所示代码。

【例 7.24】

```
<div class = "AccordionPanelContent">
  <div spry:region = "sessioncomm">
  <table width = "100 % ">
  <tr>
    <th spry:sort = "CommName">商品名称</th>
    <th spry:sort = "Prices">价格</th>
    <th spry:sort = "CommNum">件数</th>
  </tr>
```

```
<tr spry:repeat = "sessioncomm" spry:setrow = "sessioncomm" spry:
hover = "rowHover" spry:select = "rowSelected">
    <td>{CommName}</td>
    <td>{Prices}</td>
    <td>{CommNum}</td>
</tr>
</table>
</div>
<input name = "button2" type = "submit" value = "提交"  onclick = "
addOrders();return false;">
</div>
```

在这段代码中设置了与 sessioncomm 数据集绑定的表格，用以显示 Session 中的订单。在最下方增加的按钮功能是将这些临时订单提交到数据库。

这时预览 index.php，效果如图 7-25 所示。

图 7-25 在线下达订单

8）订单生效

订单生效是将购物车中的订单信息写入数据库，并且清空购物车，减少库存，这些都要在 AddOrders.php 中完成，由于提交订单会提交多条信息，所以在编写 AddOrders.php 之前，要先编写好 index.php 中相应的提交代码，以便读者更好地理解 AddOrders.php 的处理过程。

首先在 index.php 中增加如【例 7.25】所示的代码，用于无刷新提交在线订单信息。

【例 7.25】

```
<script type = "text/javascript">
    //将购物车中商品无刷新提交到数据库
    function addOrders(){
        var rows = sessioncomm.getData();

        if (rows.length < 1)
          return;
        var xmlhttp = new ActiveXObject("Microsoft.XMLHTTP");
        var sendstr = new Array();
        for (var i = 0; i < rows.length; i++)
        {
        sendstr[i] = 'CommID[] = ' + rows[i]["CommID"] + '&Prices[] = ' +
rows[i]["Prices"] + '&CommNum[] = ' + rows[i]["CommNum"] + '&MM_insert[]
 = form1&MM_update[] = form1';


        }

        var sendii = sendstr.join("&");

        xmlhttp.open("POST","AddOrders.php",false);
        xmlhttp.setRequestHeader("Content-Type","application/x-www-
form-urlencoded");
        xmlhttp.send(sendii);
        alert('提交订单已成功');
        //alert(unescape(xmlhttp.responseText));
        refresh();
    }

//重新载入数据集
function refresh(){
comminfo.loadData();
    }
```

其中需要注意 POST 字符串的组成格式，在这里将每一项命名为类似 "CommID[]"这种格式，并将数组通过 join 函数组成一个字符串，中间使用"&"连接。这样 PHP 在接收 POST 数据时，会将传递过来的内容以数组形式进行处理。Refresh 函数则起到刷新 comminfo 数据集的作用。

AddOrders.php 中应用了服务器行为中限制对页的访问、记录集、插入数据、更新数据这 4 种服务器行为。Dreamweaver 生成的代码仅可用于处理单条数据，所以还需要进行修改。修改后的代码如【例 7.26】所示。

【例 7.26】

```php
<?php require_once('Connections/mysql.php'); ?>
<?php
if (!isset($_SESSION)) {
  session_start();
}
$MM_authorizedUsers = "";
$MM_donotCheckaccess = "true";

// * * * Restrict Access To Page: Grant or deny access to this page
function isAuthorized ( $strUsers, $strGroups, $UserName, $UserGroup) {
  // For security, start by assuming the visitor is NOT authorized.
  $isValid = False;

  // When a visitor has logged into this site, the Session variable MM_
Username set equal to their username.
  // Therefore, we know that a user is NOT logged in if that Session
variable is blank.
  if (!empty($UserName)) {
  // Besides being logged in, you may restrict access to only certain
users based on an ID established when they login.
  // Parse the strings into arrays.
  $arrUsers = Explode(",", $strUsers);
  $arrGroups = Explode(",", $strGroups);
  if (in_array($UserName, $arrUsers)) {
    $isValid = true;
  }
```

```php
    // Or, you may restrict access to only certain users based on their
username.
    if (in_array( $ UserGroup, $ arrGroups)) {
      $ isValid = true;
    }
    if (( $ strUsers = = "") && true) {
      $ isValid = true;
    }
    }
    return $ isValid;
    }
 $ MM_restrictGoTo = "login.php";
if (!((isset( $ _SESSION['MM_Username'])) && (isAuthorized("", $ MM_
authorizedUsers, $ _SESSION['MM_Username'], $ _SESSION['MM_UserGroup
'])))) {
   $ MM_qsChar = "?";
   $ MM_referrer = $ _SERVER['PHP_SELF'];
   if (strpos( $ MM_restrictGoTo, "?")) $ MM_qsChar = "&";
   if (isset( $ _SERVER['QUERY_STRING']) && strlen( $ _SERVER['QUERY_
STRING']) > 0)
   $ MM_referrer .= "?" . $ _SERVER['QUERY_STRING'];
   $ MM_restrictGoTo = $ MM_restrictGoTo. $ MM_qsChar . "accesscheck
=" . urlencode( $ MM_referrer);
   //修改的内容
   // header("Location: ". $ MM_restrictGoTo);
   echo '0';
   exit;
}
?>
<?php
if (!function_exists("GetSQLValueString")) {
function GetSQLValueString( $ theValue, $ theType, $ theDefinedValue
= "", $ theNotDefinedValue = "")
```

```php
{
  if (PHP_VERSION < 6) {
    $theValue = get_magic_quotes_gpc() ? stripslashes( $theValue) :
$theValue;
  }

  $theValue = function_exists("mysql_real_escape_string") ? mysql_
real_escape_string( $theValue) : mysql_escape_string( $theValue);

  switch ( $theType) {
    case "text":
      $theValue = ( $theValue ! = "") ? "'" . $theValue . "'" : "
NULL";
      break;
    case "long":
    case "int":
      $theValue = ( $theValue ! = "") ? intval( $theValue) : "NULL";
      break;
    case "double":
      $theValue = ( $theValue ! = "") ? doubleval( $theValue) : "
NULL";
      break;
    case "date":
      $theValue = ( $theValue ! = "") ? "'" . $theValue . "'" : "
NULL";
      break;
    case "defined":
      $theValue = ( $theValue ! = "") ? $theDefinedValue :
$theNotDefinedValue;
      break;
  }
}
```

```php
    return $ theValue;
  }
}


$ colname_User = "-1";
if (isset( $ _SESSION['MM_Username'])) {
  $ colname_User = $ _SESSION['MM_Username'];
}
mysql_select_db( $ database_mysql, $ mysql);
$ query_User = sprintf("SELECT * FROM commuser WHERE Email = % s",
GetSQLValueString( $ colname_User, "text"));
$ User = mysql_query( $ query_User, $ mysql) or die(mysql_error());
$ row_User = mysql_fetch_assoc( $ User);
$ totalRows_User = mysql_num_rows( $ User);
$ UserID = $ row_User["ID"];
echo $ UserID;
$ editFormAction = $ _SERVER['PHP_SELF'];
if (isset( $ _SERVER['QUERY_STRING'])) {
  $ editFormAction . = "?" . htmlentities( $ _SERVER['QUERY_STRING']);
}
//修改内容
for( $ i = 0; $ i<count( $ _POST["MM_insert"]); $ i + + ){
if (( isset( $ _POST["MM_insert"][ $ i])) && ( $ _POST["MM_insert"][ $ i]
= = "form1")) {
  $ insertSQL = sprintf ( " INSERT INTO orders ( CommID, OrderDate,
Prices, CommNum,UserID) VALUES ( % s, % s, % s, % s, % s)",
          GetSQLValueString( $ _POST['CommID'][ $ i], "int"),
          GetSQLValueString(date("Y-m-d H:i:s"),"text"),
          GetSQLValueString( $ _POST['Prices'][ $ i], "text"),
          GetSQLValueString( $ _POST['CommNum'][ $ i], "int"),
          GetSQLValueString( $ UserID, "int"));
  mysql_select_db( $ database_mysql, $ mysql);
  $ Result1 = mysql_query( $ insertSQL, $ mysql) or die(mysql_error
());
```

```
}
if ((isset( $ _POST["MM_update"][ $ i])) && ( $ _POST["MM_update"][ $ i]
= = "form1")) {
//修改内容
    $ updateSQL = sprintf ( " UPDATE commoditiinfo SET Inventories =
Inventories- % s WHERE ID = % s",
        GetSQLValueString( $ _POST['CommNum'][ $ i], "int"),
        GetSQLValueString( $ _POST['CommID'][ $ i], "int"));
    mysql_select_db( $ database_mysql, $ mysql);
    $ Result1 = mysql_query( $ updateSQL, $ mysql) or die(mysql_error
());
}
}


//清除 SESSION 中的 comm 项
unset( $ _SESSION["comm"]);


mysql_free_result( $ User);
?>
```

  在【例 7.26】中通过" $ _SESSION['MM_Username']"查询用户 ID,并对 POST 提交的数组进行循环插入数据库,在更新时修改商品库存,最后清除了 Session 中的 comm 项,也可以认为是清空了购物车。

  9）完成最后的工作

  订单已经生效,最后还需要将这些已购买的商品显示出来,以及完成管理商品的导航列表。输出已购买商品与前文的操作基本类似。从数据库中读出数据并生成 XML 格式输出,index.php 创建 Spry 数据集,并显示在折叠 TAB3 的内容区。读取订单信息 GetOrders.php 实现代码如【例 7.27】所示,在其中插入了服务器行为中的限制对页的访问、记录集 User(commuser)、记录集 Orders(在其中查询 orders 数据表时,同时通过"CommID"项查询商品的中文名称)。

【例 7.27】

```php
<?php require_once('Connections/mysql.php'); ?>
<?php
if (!isset($_SESSION)) {
  session_start();
}
$MM_authorizedUsers = "";
$MM_donotCheckaccess = "true";

// * * * Restrict Access To Page: Grant or deny access to this page
function isAuthorized ($strUsers, $strGroups, $UserName,
$UserGroup) {
  // For security, start by assuming the visitor is NOT authorized.
  $isValid = False;

  // When a visitor has logged into this site, the Session variable MM_
Username set equal to their username.
  // Therefore, we know that a user is NOT logged in if that Session
variable is blank.
  if (!empty($UserName)) {
    // Besides being logged in, you may restrict access to only certain
users based on an ID established when they login.
    // Parse the strings into arrays.
    $arrUsers = Explode(",", $strUsers);
    $arrGroups = Explode(",", $strGroups);
    if (in_array($UserName, $arrUsers)) {
      $isValid = true;
    }
    // Or, you may restrict access to only certain users based on their
username.
    if (in_array($UserGroup, $arrGroups)) {
      $isValid = true;
    }
```

```php
    if (( $ strUsers = = "") && true) {
        $ isValid = true;
    }
    }
    return $ isValid;
}


$ MM_restrictGoTo = "login.php";
if (!(((isset( $ _SESSION['MM_Username'])) && (isAuthorized("", $ MM_
authorizedUsers, $ _SESSION['MM_Username'], $ _SESSION['MM_UserGroup
'])))))  {
    $ MM_qsChar = "?";
    $ MM_referrer = $ _SERVER['PHP_SELF'];
    if (strpos( $ MM_restrictGoTo, "?")) $ MM_qsChar = "&";
    if (isset( $ _SERVER['QUERY_STRING']) && strlen( $ _SERVER['QUERY_
STRING']) > 0)
    $ MM_referrer . = "?" . $ _SERVER['QUERY_STRING'];
    $ MM_restrictGoTo = $ MM_restrictGoTo. $ MM_qsChar . "accesscheck
= " . urlencode( $ MM_referrer);
//修改的内容  header("Location: ". $ MM_restrictGoTo);
    echo '0';
    exit;
}
?>
<?php
if (!function_exists("GetSQLValueString")) {
function GetSQLValueString( $ theValue, $ theType,  $ theDefinedValue
= "", $ theNotDefinedValue = "")
{
    if (PHP_VERSION < 6) {
        $ theValue = get_magic_quotes_gpc() ? stripslashes( $ theValue) :
$ theValue;
    }
```

```
   $ theValue = function_exists("mysql_real_escape_string") ? mysql_
real_escape_string( $ theValue) : mysql_escape_string( $ theValue);

  switch ( $ theType) {
    case "text":
      $ theValue = ( $ theValue ! = "") ? "'" . $ theValue . "'" : "
NULL";
      break;
    case "long":
    case "int":
      $ theValue = ( $ theValue ! = "") ? intval( $ theValue) : "NULL";
      break;
    case "double":
      $ theValue = ( $ theValue ! = "") ? doubleval( $ theValue) : "
NULL";
      break;
    case "date":
      $ theValue = ( $ theValue ! = "") ? "'" . $ theValue . "'" : "
NULL";
      break;
    case "defined":
        $ theValue = ( $ theValue ! = "") ? $ theDefinedValue :
 $ theNotDefinedValue;
      break;
  }
  return $ theValue;
}
}
$ colname_User = "-1";
if ( isset( $ _SESSION['MM_Username'])) {
  $ colname_User = $ _SESSION['MM_Username'];
}
mysql_select_db( $ database_mysql, $ mysql);
```

```php
$ query_User = sprintf("SELECT * FROM commuser WHERE Email = % s",
GetSQLValueString( $ colname_User, "text"));
$ User = mysql_query( $ query_User, $ mysql) or die(mysql_error());
$ row_User = mysql_fetch_assoc( $ User);
$ totalRows_User = mysql_num_rows( $ User);
$ UserID = $ row_User["ID"];
mysql_select_db( $ database_mysql, $ mysql);
$ query_Orders = "SELECT commoditiinfo.CommName, orders. *
FROM orders , commoditiinfo WHERE UserID = { $ UserID} and orders.
CommID = commoditiinfo.id";
$ Orders = mysql_query( $ query_Orders, $ mysql) or die(mysql_error
());
// $ row_Orders = mysql_fetch_assoc( $ Orders);
$ totalRows_Orders = mysql_num_rows( $ Orders);
//增加的内容
header('Content-Type: text/xml;charset = utf-8');
header('Cache-Control:no-cache,must-revalidate');
header('pragma:no-cache');
echo '<?xml version = "1.0" encoding = "utf-8"?>';
echo '<Orders>';
while( $ row_Orders = mysql_fetch_assoc( $ Orders)){
echo "<Order id = '{ $ row_Orders["ID"]}'>";
echo "<CommName>{ $ row_Orders["CommName"]}</CommName>";
echo "<CommID>{ $ row_Orders["CommID"]}</CommID>";
echo "<OrderDate>{ $ row_Orders["OrderDate"]}</OrderDate>";
echo "<Prices>{ $ row_Orders["Prices"]}</Prices>";
echo "<CommNum>{ $ row_Orders["CommNum"]}</CommNum>";
echo '</Order>';
}
echo '</Orders>';
mysql_free_result( $ User);
mysql_free_result( $ Orders);
?>
```

在 index.php 中增加名为 Orders 的 XML 数据集，实现代码如【例 7.28】所示。

【例 7.28】

```
var Orders = new Spry.Data.XMLDataSet("GetOrders.php", "Orders/
Order", {useCache: false});
```

在折叠 TAB3 的内容区域增加如【例 7.29】所示代码，用于建立一个与 Orders 数据集相关联的表格。

【例 7.29】

```html
<div class = "AccordionPanelContent">
  <div spry:region = "Orders">
    <table>
      <tr>
        <th spry:sort = "CommName">商品名称</th>
        <th spry:sort = "Prices">价格</th>
        <th spry:sort = "CommNum">件数</th>
      </tr>
      <tr spry:repeat = "Orders" spry:setrow = "Orders" spry:hover = "
rowHover" spry:select = "rowSelected">
        <td>{CommName}</td>
        <td>{Prices}</td>
        <td>{CommNum}</td>
      </tr>
    </table>
  </div>
</div>
```

在 index.php 的 refresh 函数中，增加对 Orders 数据集的刷新操作，如【例 7.30】所示。

【例 7.30】

```
//重新载入数据集
function refresh(){
    comminfo.loadData();
    Orders.loadData();
}
```

在折叠 TAB4 的内容区域增加超链接分别指向 addcommtype.php、addcomm.php。

至此，完成了所有操作，运行一下在线购物系统，享受一下惊喜与快乐吧。

第 8 章

移动 APP 开发

采用 HTML5＋CSS3＋JavaScript 开发移动 APP，既发挥了 HTML5 在跨平台表现上的优势，又很好地保留了原生应用的优秀体验，极大地降低了开发成本，提高了开发效率。基于 AppCan 提供的 IDE 开发环境，应用 HTML5＋CSS3＋JavaScript 可以快速开发出个性化的移动 APP。本章开发工具采用 AppCan 3.2。

8.1　跨平台移动开发工具 AppCan

AppCan IDE 采用 HTML5 语言作为跨平台支撑语言，支持 iOS、Android 平台手机和平板的开发。开发人员可以直接采用 HTML5 技术完成整个开发流程，包括应用的开发、调试、跟踪和模拟，并可借助内嵌的应用打包功能，创建可直接安装到手机的应用安装包。

启动 AppCan IDE，弹出登录界面，如图 8-1 所示。

图 8-1　AppCan IDE 登录界面

输入 AppCan 账号的邮箱、密码,单击"登录"按钮,进入 IDE 开发环境;如不想登录,可单击"跳过登录",直接进入 IDE 开发环境。

如果要创建一个项目,可以单击菜单【文件】→【新建】→【AppCan 项目】→在对话框中选择【新建项目】→输入【项目名称】、【应用名称】、【应用 ID】、【应用 KEY】→选择【空模板】→选择主题颜色,单击【完成】按钮,就可以新建一个项目,项目目录结构如图 8-2 所示,config.xml 文件为项目配置文件,index.html 为主窗口文件,index_content.html 为浮动窗口文件,css 文件夹存储了 AppCan UI 框架需要的资源文件、用户自定义的样式和样式用到的相关资源等信息;js 路径存放了 AppCan 框架用到的默认脚本文件以及用户的脚本文件等。

右击【index.html】→【预览】,就可以看到项目的预览效果,如图 8-3 所示。

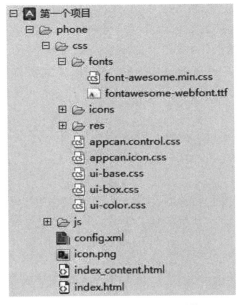

图 8-2 项目目录结构   图 8-3 项目预览效果

项目编码和调试完成后,可以进行本地打包,右击【phone】文件夹→【生成安装包】,生成安卓(android)或苹果(iPhone)平台的安装包,进而可进行真机测试。如果是正式应用,可以选择官网打包,进行发布。

在 AppCan IDE 开发环境,采用基于标准 CSS 技术的移动开发 UI 框架,即可完成一次开发、多平台适配,在各种分辨率的移动终端上保持相同的体验。AppCan 移动开发 UI 框架提供了极高的适配性和自主性,开发人员可以方便快捷地完成移动 APP 的开发。

8.2　移动 APP 界面布局

8.2.1　弹性盒子模型

提到移动布局不得不提到弹性盒子模型。弹性盒子模型(Flexible Box Model)是 CSS 推出的一种布局机制,目前该模型还没有得到 firefox、Opera、chrome 等浏览器的完全支持,但可以使用它们的私有属性定义 firefox(-moz)、opera(-0)、chrome/safari(-webkit),如【例 8.1】所示。

【例 8.1】使用弹性盒子模型。

```
display:-moz-box;
display:-webkit-box;
display:box;
```

弹性盒子模型的属性如表 8-1 所示。

表 8-1　弹性盒子属性

属性	含义	常用属性值
box-flex	按比例分配父标签的宽度(或高度)	大于 1 的整数
box-orient	子元素排列方向	horizontal ∣ vertical
box-direction	子元素的排列顺序	normal ∣ reverse
box-align	垂直方向上的对齐方式	start ∣ end ∣ center ∣ baseline ∣ stretch
box-pack	水平方向上的对齐方式	start ∣ end ∣ center ∣ justify
box-lines	子元素单行显示还是多行显示	single ∣ multiple

8.2.2　AppCan 移动 UI 框架

AppCan 采用的 UI 框架基于弹性盒子模型。与常见的流动布局不同,流式布局是通过内容决定父容器的大小,而弹性盒子模型是在指定大小的父容器里来为子元素分配空间。

通过【例 8.2】来展示 AppCan UI 框架,效果如图 8-4 所示。

【例 8.2】

```
<div id = "demo1" style = 'display:inline;border:1px solid blue'>
    <div style = 'display:inline;background: #E00'>aaaa </div>
    <div style = 'display:inline;background: #0E0'>bbbb </div>
</div>
```

```
    <br/>
<div  id = "demo2" style = 'display:-webkit-box;width:200px;border:
1px solid blue'>
  <div  class = "demo21" style = '-webkit-box-flex:1;background:#E00
'>aaaa </div>
  <div  class = "demo22" style = 'background:#0E0'>bbbb </div>
</div>
  <br/>
```

```
<div  id = "demo3" style = 'display:-webkit-box;width:200px;border:
1px solid blue'>
  <div  class = "demo31" style = '-webkit-box-flex:1;background:#E00
'>aaaa </div>
  <div  class = "demo32" style = '-webkit-box-flex:2;background:#0EE
'>bbbb </div>
  <div  class = "demo33" style = 'background:#0E0'>cccc </div>
</div>
  <br/>
<div  id = "demo4" style = 'display:-webkit-box;width:200px;border:
1px solid blue'>
  <div  class = "demo41" style = '-webkit-box-flex:1;background:#E00;
position:relative'>
  <div  class = "demo410" style = 'position:absolute;width:100%;
height:100%;'>aaaa </div>
  </div>
  <div  class = "demo42" style = '-webkit-box-flex:2;background:#0EE;
position:relative'>
  <div  class = "demo420" style = 'position:absolute;width:100%;
height:100%;'>bbbb </div>
  </div>
  <div style = 'background:#0E0'>cccc </div>
</div>
    <br/>
```

```
<div  id = "demo5" style = 'display:-webkit-box;height:200px;border:
1px solid blue;
        -webkit-box-orient:vertical;'>
  <div  class = "demo51" style = '-webkit-box-flex:1;background:#E00;
position:relative'>
  <div   class = "demo510" style = 'position:absolute;width:100%;
height:100%;'>aaaa </div>
  </div>
  <div  class = "demo52" style = '-webkit-box-flex:2;background:#0EE;
position:relative'>
  <div   class = "demo520" style = 'position:absolute;width:100%;
height:100%;'>bbbb </div>
  </div>
  <div style = 'background:#0E0'>cccc </div>
</div>
```

上述的代码中,定义了 ID 分别为 demo1、demo2、demo3、demo4、demo5 的 5 个 DIV 层。

层 demo1 是一个简单的流式布局,其 DIV 的宽度,是由 2 个子 DIV 宽度相加来决定的,如果 2 个子 DIV 的宽度变化,其宽度也会随之变化。

层 demo2 使用弹性盒子布局,有两个子元素,其中 class 为 demo21 的子元素指定了属性"webkit-box-flex:1;",代表占用 1 份空间;而另一个子元素 demo22 的宽度由内容"bbbb"的宽度决定,这里假定"bbbb"的宽度是 32px。层 demo2 宽度为 200px,则 demo21 子层宽度为 200px-32px= 168px,如果改变层 demo2 的宽度为 320px,则 demo21 子层的宽度为 320px-32px=288px。可见弹性盒子的 box-flex 属性对于适配各种分辨率的屏幕,无疑是一把利器。

层 demo3 有 3 个子元素,增加了一个占用 2 份空间的子元素 demo32。按照规则来说,demo31 应该占用 168px/3=56px,demo32 占用 112px,但是浏览效果并不是如此,这是由于当弹性盒子 DIV 中有内容时,引擎会自动进行调整。

在层 demo4 中,把子元素的弹性盒子内容"aaaa""bbbb"通过一个使用绝对定位的 DIV 进行包含,这时子元素 demo41、demo42 就按照 1:2 的比率自动分配了空间。

层 demo5 使用属性-webkit-box-orient:vertical 来控制子元素为纵向排列。

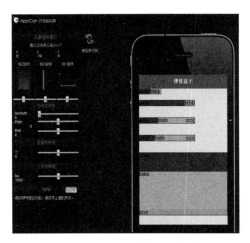

图 8-4　AppCan UI 框架示例效果

8.2.3　AppCan 常用的 CSS 类

在任何一个 AppCan 项目的 css 文件夹中，有三个文件 ui-box.css、ui-base.css、ui-color.css，如图 8-5 所示。

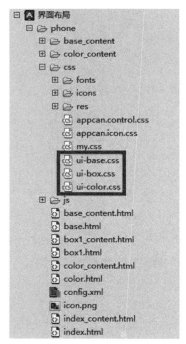

图 8-5　AppCan 常用的 CSS 类

1）ui-box.css

AppCan 使用弹性盒子对页面进行布局，弹性盒子模型是在指定大小的父容器里来为子元素分配空间，使用 Box 架构可以更容易更方便地适配不同分辨率、不同屏幕尺寸的手机。而 ui-box.css 文件用来控制页面布局，常用的 CSS 类如表 8-2 所示。

表 8-2　ui-box.css 文件中的常用 CSS 类

类名	属性
ub	使用 box 弹性盒子模式对页面进行布局
ub-f	Box 架构元素空间大小分配比例 ub-f1，ub-f2，ub-f3……
ub-ver	Box 构架元素垂直排列
ub-con	在子元素中加入一个容器，用于避免内容引起子元素大小变化
ub-ac、ub-ae	Box 构架元素垂直方向的位置排列（垂直居中、位于底边）
ub-pc、ub-pe、ub-pj	Box 架构元素水平方向的位置排列（水平居中、位于末尾、两端对齐）
ub-img	背景图片 ub-img、ub-img1、ub-img2……

ub（u-UI，b-box）定义元素的 display 属性为 box；ub-f［1-4］定义 box-flex 属性值，指定不同的元素空间大小分配比例，ub-f［1-4］和 ub 搭配着使用。

只有跟 ub 配套使用，Box 架构元素的水平与垂直方向位置排列 ub-ac、ub-ae、ub-pc、ub-pe、ub-pj 才生效。

ub-img［类别］用于定义不同的背景排列方式，一般使用 ub-img，将背景图像等比缩放，背景图像始终包含在容器内。

【例 8.3】是应用 ub、ub-ver、ub-f1、ub-con、ub-img 创建的一个九宫格实例。

【例 8.3】

第一步：新建一个项目。

第二步：右击 phone 文件夹→【新建】→【AppCan 页面】，新建一个页面 box，选择页面结构布局为简洁布局，内容区为空页面，如图 8-6 所示。

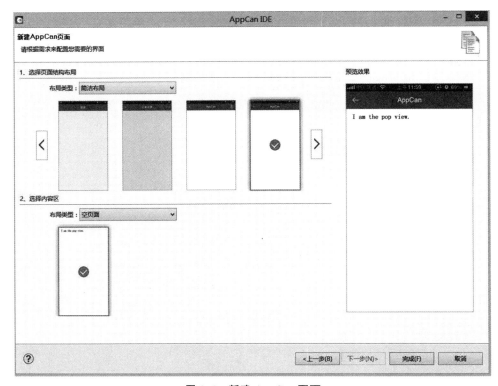

图 8-6　新建 AppCan 页面

第三步：在主窗口 box.html 中，修改标题为"ui-box"。

```
<body class="um-vp bc-bg" ontouchstart>
    I am the pop view.
</body>
<script src="js/appcan.js"></script>
<script src="js/appcan.control.js"></script>
</body>
```

图 8-7　浮动窗口 box_content.html 代码

第四步：在浮动窗口 box_content.html 中，将图 8-7 中选中代码替换为如下代码。

```
<div class = "bc-wh uinn8 my_ulev-1">  <!--设置背景色、内间距、字体-→
  <div class = "ub">  <!--九宫格第一行-→
    <div class = "ub-f1 ub-ver ub-con">
```

```
        <div class = "ub-img icon1 hei1"></div>
        <div class = "tx-c umar-t1">跟团</div>
    </div>
    <div class = "ub-f1 ub-ver ub-con">
        <div class = "ub-img icon1 hei1"></div>
        <div class = "tx-c umar-t1">自助游</div>
    </div>
</div>
<div class = "ub"><!--九宫格第二行-->
    <div class = "ub-f1 ub-ver ub-con">
        <div class = "ub-img icon1 hei1"></div>
        <div class = "tx-c umar-t1">跟团出境</div>
    </div>
    <div class = "ub-f1 ub-ver ub-con">
        <div class = "ub-img icon1 hei1"></div>
        <div class = "tx-c umar-t1">自驾游</div>
    </div>
</div>
</div>
```

预览效果如图 8-8 所示。

图 8-8 九宫格实例

2）ui-base.css

文件 ui-base.css 对页面元素的大小、位置、形状进行控制，常用的 CSS 类如表 8-3 所示。

表 8-3　ui-base.css 文件中的常用 CSS 类

类名	属性
uc-a uc-t uc-b uc-l uc-r uc-tr	圆角类别
us us1	外阴影类别
us-i	内阴影类别
uts	文字阴影
ufl ufr	浮动类别
ulev0 ulev1 ulev-1	字体大小类别
ubt ubl uba uba1	边框类别

其中：

uc-［类型］：前缀"uc"代表 UI CORNER，［类型］可以为 t-TOP，l-LEFT，b-BOTTOM，r-RIGHT，a-ALL。

us-i：代表 UI SHADOW INSET。

uf［类型］：前缀"uf"代表 UI FLOAT，［类型］可以为 l-LEFT，r-RIGHT。

ulev［类别］：［类型］为数字编号，用于定义不同大小的字体；其中 ulev0 字体为 1em，ulev2 字体最大，为 1.5em，ulev-2 字体最小，为 0.625em。

ub［类型 1］［类别 2］：前缀"ub"代表 UI BORDER，［类型 1］可以为 t-TOP，l-LEFT，b-BOTTOM，r-RIGHT，a-ALL；［类别 2］为数字编号，缺省为 1，用于定义不同大小的边框。uba1 代表 4 个边的边框宽度为 2px。

um-vp 代表 UI MOBILE VIEWPORT。um-vp 定义 body 的内边距 padding，外边距 margin 的大小以及文字大小可以调整，超过 body 宽度的部分隐藏选项。

【例 8.4】是应用 uc-a、us、uts、ulev-2、uba、umar-t 创建的一个登录实例。

【例 8.4】

第一步：新建一个项目。

第二步：右击 phone 文件夹→【新建】→【AppCan 页面】，新建一个页面 base，选择页面结构布局为简洁布局，内容区为登录，如图 8-9 所示。

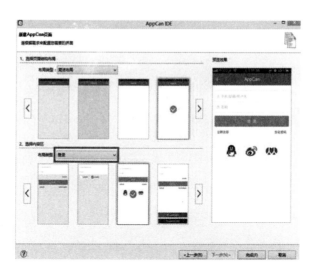

图 8-9　新建 AppCan 页面

第三步：修改浮动窗口 base_content.html 的 body 代码，如下所示。

```
<body class = "um-vp bc-bg" ontouchstart>
  <div class = "ub-f1 tx-l ub ub-ver c-wh">
    <div class = "umh1"></div>
    <form method = "get" action = "http://www.appcan.cn">
      <div class = "umar-a uba bc-border">
      <div class = "ub ub-ac ubb umh5 bc-border ">
       <div class = " uinput ub ub-f1">
         <div class = "uinn fa fa-user sc-text"></div>
         <input placeholder = "手机/邮箱/用户名" type = "text" class
= "ub-f1">
     </div>
    </div>
    <div class = "ub ub-ac umh5 bc-border ">
     <div class = " uinput ub ub-f1">
     <div class = "uinn fa fa-lock sc-text"></div>
     <input placeholder = "密码" type = "password" class = "umw4 ub-
f1">
    </div>
```

```
</div>
</div>
<div class = "uinn">
<!—修改文字大小-→
<div class = "btn ub ub-ac bc-text-head ub-pc bc-btn uc-a ulev2 uts"
id = "submit1">
                    登录1
</div>
```

```
<!—新增按钮-→
<div class = "btn ub ub-ac bc-text-head ub-pc bc-btn uc-a ulev-2 uts
sc-border umar-t uba1"   id = "submit2">
                    登录2
</div>
</div>
<button type = "submit"class = "uinvisible"></button>
</form>
<div class = "umar-a ub t-blu">
<div class = "ub-f1 ulev-1 uinn3">立即注册</div>
<div class = "ulev-1 uinn3">忘记密码</div>
</div>
<div class = "uinn ub ub-ac ub-pc">
<div class = "resqq ub-img umhw2 umar-a"></div>
<div class = "resxinlang ub-img umhw2 umar-a"></div>
<div class = "resren ub-img umhw2 umar-a"></div>
</div>
</div>
<script src = "js/appcan. js"></script>
<script src = "js/appcan. control. js"></script>
</body>
```

预览效果如图 8-10 所示,可以看到按钮的字体变大,同时增加了一个带有边框的按钮,并对按钮的颜色进行了修改。

图 8-10　登录实例

3）ui-color.css

ui-color.css 文件用来对页面元素的色彩进行控制，常用的封装类如表 8-4 所示。

表 8-4　ui-color.css 文件中的常用 CSS 类

类名	属性
bc-head、bc-bg、sc-bg、sc-bg-active、sc-bg-alert	背景色类别
bc-btn、sc-btn	按钮颜色类别
bc-text、tx-text-head、sc-text、sc-text-active、sc-text-hint、sc-text-warn、sc-text-tab	文字色彩类别
bc-border、sc-border、sc-border-tab	边框色彩类别

在 AppCan 中，主题颜色由头部颜色、按钮颜色组成。前缀"bc"指基础颜色，前缀"sc"指辅助颜色；后缀"bg"指背景色，后缀"btn"指按钮。

【例 8.5】是应用 sc-bg、bc-btn、sc-border、bc-text-head 创建的一个列表实例。

【例 8.5】

第一步：新建一个项目。

第二步：右击 phone 文件夹→【新建】→【AppCan 页面】，新建一个页面 color，选择页面结构布局为简洁布局，内容区为列表，如图 8-11 所示。

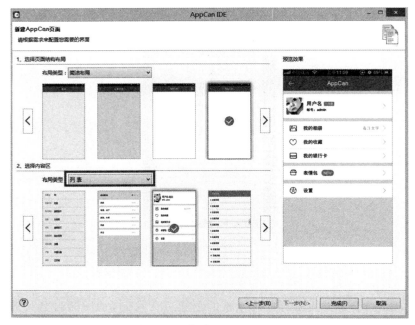

图 8-11　新建 AppCan 页面

第三步：修改主窗口 color.html 中的头部字体颜色，代码如下所示：

```
<div id = "header" class = "uh bc-text ub bc-head">
```

第四步：在浮动窗口 color_content.html 中修改第一个列表的背景色、边框颜色，代码如下所示：

```
<div id = "listview1"  class = "ubt bc-border sc-bg sc-border">
```

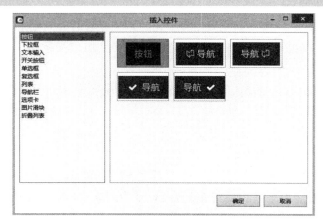

图 8-12　插入按钮

第五步：在 color＿content.html 页面底部增加一个按钮，单击菜单【AppCan】→插入控件，在弹出窗口选择按钮，如图 8-12 所示。并修改按钮颜色，代码如下所示：

```
<div class = "btn ub ub-ac bc-text-head ub-pc bc-btn"  id = "btn">
    提交
</div>
```

修改后的预览效果如图 8-13 所示。

图 8-13　列表实例

习题参考答案

第 1 章

一、选择题

1．A　2．A　3．A　4．ABC　5．ABCD　　6．C　7．B　8．A　9．ABD　　10．A
11．BC　12．C　13．D　14．A　15．D

二、名词解释

1．移动电子商务是传统电子商务在移动领域的延伸和发展,是指通过手机及掌上电脑等移动智能终端进行 B2B、B2C 或 C2C 等电子商务活动的过程和行为。它将互联网、移动通信技术、短距离通信技术及其他信息处理技术完美地结合,使人们可以在任何时间、任何地点进行各种商贸活动,实现随时随地、线上线下的购物与交易、在线电子支付以及各种交易活动、商务活动、金融活动和相关的综合服务活动等。

2．二维码是用某种特定的几何图形按一定规律在平面(二维方向)上分布的条、空相间的图形来记录数据符号信息。

3．移动支付(Mobile Payment,简称 MPayment)是使用移动设备通过无线方式完成支付行为的一种新型的支付方式,在商务处理流程中,基于移动网络平台,随时随地地利用现代的移动智能设备,如手机、PDA、笔记本电脑等工具,为服务于商务交易而进行的有目的的资金流流动。

三、简述题

1．(1) 终端设备不同。传统电子商务使用个人计算机(简称 PC),显示器屏幕大、内存大;而移动通信设备则恰恰相反,屏幕小、内存小。

(2) 用户群。移动电子商务的潜在用户群远远大于传统电子商务,但这个群体的分布不均、文化差异大。

(3) 移动性。与传统电子商务相比,移动电子商务因其移动性而产生更多的商业机会,更能实现个性化服务。

(4) 商业模式。传统电子商务更强调低成本和无限的网络空间,消除信息不对称,提供无限的免费信息服务。而移动电子商务更多地针对差异性的个性化服务来赢得利润。

2．HTML 即超文本标记语言,是一种用来制作超文本文档的简单标记语言。HTML5 是最新的 HTML 标准,在提及 HTML5 时,通常泛指 HTML5 标准以及 CSS3、JavaScript、PHP、AJAX、JSON 等技术交叉而成的新技术。

四、论述题

　　LAMP 这个特定名词最早出现在 1998 年。当时，Michael Kunze 为德国计算机杂志 c't 写作的一篇关于自由软件如何成为商业软件替代品的文章时，创建了 LAMP 这个名词，用来指代 Linux 操作系统、Apache 服务器、MySQL 数据库、PHP 或 Perl、Python 脚本语言的组合（由 4 种技术的开头字母组成）。众所周知，由于 IT 世界对缩写的爱好，Kunze 提出的 LAMP 这一术语很快就被市场接受。O'Reilly 和 MySQL AB 更是在英语人群中推广普及了这个术语。随之 LAMP 技术成为开源软件业的一盏明灯。伴随着开源潮流的蓬勃发展，开放源代码的 LAMP 已经与 J2EE 和.Net 商业软件形成三足鼎立之势，受到整个 IT 界的关注。越来越多的供应商、用户和企业投资者日益认识到，借助开源平台构建及运行各种商业应用变为一种可能和实践，变得更加具有竞争力，更加吸引客户。LAMP 无论是性能、质量还是价格都将成为企业、政府信息化所必须考虑的平台。

第 2 章

一、选择题

1．A　2．C　3．ABCD　4．CD　5．D　6．A　7．C　8．D　9．AD　10．A
11．A　12．D　13．D　14．B　15．A

二、写出满足下列条件的 jQuery 代码

1．$("div").not(".cls") 　　　　　2．$(domObj)

3．$("a") 　　　　　　　　　　4．$("a,.cls")或 $(".cls,a")

5 $("select").length 或 $("select").size()　6．$("p,span")

7．$("div.cls") 　　　　　　　　8．$(".cls").not("♯pid")

三、简述题

1．DOM(Document Object Model 文档对象模型)定义了访问和操作 HTML 文档的标准方法。简单地说就是利用 DOM 对 HTML 文件进行修改，删除元素，更改其现有的内容和结构。

2．$("♯submit").click(function(){})。

3．var $empty= $("div:empty")。

4．var $inputs= $("input:hidden")。

四、论述题

1．JavaScript 是一种广泛用于网页客户端开发的脚本语言。通过 JavaScript，可以动态选择、添加、删除、修改 HTML 元素和 CSS。jQuery 是一种免费的开

源 JavaScript 库,这些库函数也是用 JavaScript 来编写的,但是语法更加简洁、直观。

2. 使用 DOM 访问指定节点的方法主要有 3 种,分别为:

(1) getElementById(id):返回文档中具有指定 ID 属性的 element 节点。

(2) getElementByName(name):返回文档中具有指定 name 属性的 element 节点。

(3) getElementsByTagName(tagName):返回文档中具有指定标记名的所有 element 节点。

第 3 章

一、选择题

1. D 2. D 3. B 4. A 5. D 6. A 7. A 8. A 9. B 10. D

11. C 12. D 13. AB 14. C 15. B 16. C 17. C 18. A 19. A 20. ABC

二、简述题

1. 其工作原理如下:

(1) 用户使用浏览器对某个 Web 页面发出 HTTP 请求。

(2) 服务器端接收到请求,发送给 PHP 程序进行处理。

(3) PHP 解析代码。

(4) PHP 代码根据需要访问 MySQL 数据库,并将返回的结果数据进行处理,生成特定格式的 HTML 响应文件,传递给浏览器。

(5) 浏览器端向用户展示 HTML 响应文件。

2. mysql_fetch_row()、mysql_fetch_array()这两个函数返回的都是一个数组,区别就是第一个函数返回的数组是只包含值,获取值可以用$row[0]、$row[1]等;而 mysql_fetch_array()返回的数组既包含值,也包含键,假如数据库的字段是 username、passwd,可以使用$row['username']、$row['passwd']获取数据,还可以用($row as $kay => $value)直接取得数据库字段的名称与值。

3. 两者的区别主要有 2 个:

(1) mysql_pconnect()在进行数据库连接时,函数会先找同一个 host,用户和密码的 persistent(持续的)的连接,如果能找到,则使用这个连接而不返回一个新的连接。

(2) mysql_pconnect()创建的数据库连接在脚本执行完毕后仍然保留,可以被后来的代码继续使用,mysql_close()函数也不会关闭 mysql_pconnect()创建的连接。

4. 两者的区别主要有 3 个:

（1）require 是无条件包含，也就是如果一个程序里加入 require，无论条件成立与否都会先执行 require，而 include 是程序遇到 include 语句才执行的包含。

（2）include 有返回值，而 require 没有。也许因为如此 require 的速度比 include 快。

（3）包含文件不存在或者发生语法错误的时候，require 是致命的，而 include 不是致命的。

三、编写代码

1.

```
$ mysql_db = mysql_connect("localhost","root","root");
@mysql_select_db("DB_Pserson", $ conn);
$ result = mysql_query("SELECT * FROM TB_Person WHERE name = '唐僧' or
phone = '13812512331'");
while( $ rs = mysql_fetch_array( $ result)){
    echo $ rs["Phone"]. $ rs["Edu"]. $ rs["Date"];
  }
```

2.

```
(1) mysql_query(" INSERT INTO Student(UserName, Telephone, Edu, Date)
    VALUES ('李宇春','13083492321','高中毕业','2007-05-06')");
(2) $nowDate = date("Y-m-d");
    mysql_query("UPDATE Student SET date = '".$nowDate."' WHERE name = '
    刘德华'");
(3) mysql_query("DELETE FROM Student WHERE id in(1001,1002,1003)");
```

第 4 章

一、选择题

1. C　2. D　3. B　4. B　5. A　6. D　7. D　8. C　9. E　10. A

11. D　12. ACD　13. CD　14. D　15. D

二、写出下列程序的输出结果。

1.

```
{"a":1,"b":2,"c":3,"d":4,"e":5}
```

2.

```
{
"body":"another post",
"id":21,
"approved":true,
"favorite_count":1,
"status":null
}
```

3. json_encode()将数字索引数组转为数组格式。

```
["one","two","three"]
```

4. json_encode()将联合索引关联数组转为对象格式。

```
{"1":"one","2":"two","3":"three"}
```

5. 除了公开变量(public),其他东西(常量、私有变量、方法等等)都遗失了。

```
{"public_ex":"this is public"}
```

6.

```
12345
```

7.

```
object(stdClass)#1 (5) {

["a"] ⇒ int(1)
["b"] ⇒ int(2)
["c"] ⇒ int(3)
["d"] ⇒ int(4)
["e"] ⇒ int(5)

}
```

8.

```
array(5) {
    ["a"] ⇒ int(1)
    ["b"] ⇒ int(2)
    ["c"] ⇒ int(3)
    ["d"] ⇒ int(4)
    ["e"] ⇒ int(5)
}
```

9. JSON 只能用来表示对象（object）和数组（array），如果对一个字符串或数值使用 json_decode()，将会返回 null。

```
null
```

10.

JSON_UNESCAPED_UNICODE（中文不转为 Unicode，对应的数字 256）

JSON_UNESCAPED_SLASHES（不转义反斜杠，对应的数字 64）

同时使用 2 个常量：JSON_UNESCAPED_UNICODE ＋ JSON_UNESCAPED_SLASHES ＝ 320

```
string(29) "{"key":"中文/同时生效"}"
```

三、写出下列程序的输出结果，并说明理由。

1. 3 个 json_decode() 都将返回 null，并且报错。

第一个 JSON 字符串 $json1 的错误是，JSON 字符串的"Key：Value"对只允许使用双引号，不能使用单引号。第二个 JSON 字符串 $json2 的错误是，JSON 字符串的"Key：Value"对的"Key"，任何情况下都必须使用双引号。第三个 JSON 字符串 $json3 的错误是，最后一个值之后不能添加逗号（trailing comma）。

2.

```
"\u4e2d\u6587"
```

用 PHP 的 json_encode 来处理中文的时候，中文都会被编码成 Unicode 码，变成不可读的，类似"\u＊＊＊"的格式，一定程度上增加传输的数据量。

四、论述题

1. AJAX 是 Asynchronous JavaScript And XML（异步 JavaScript 与 XML）的缩写，是指一种创建交互式网页应用的网页开发技术，使用 JavaScript 在浏

览器与 Web 服务器之间异步地发送和接收数据。确切地说,AJAX 不是一项技术,而是一种用于创建更好、更快以及交互性更强的 Web 应用程序的技术组合,是以 JavaScript 为主要元素综合已存在的 Web 开发技术,比如 HTML 和 CSS、DOM、XML、XMLHttpRequest 等形成的协作开发平台。

AJAX 应用程序的优势在于:

(1) 通过异步模式具有更加迅速的响应能力,提升了用户体验。

(2) 优化了浏览器和服务器之间的传输,减少不必要的数据往返,减少了带宽占用。

(3) AJAX 引擎在客户端运行,承担了一部分本来由服务器承担的工作,从而减少了服务器负载。

2. AJAX 可以实现动态局部刷新,在不更新整个页面的前提下局部更新数据。这使得 Web 应用程序更为迅捷地响应用户动作,并避免了在网络上发送那些没有改变过的信息。

3. 传统的 Web 应用程序会通过 HTML 表单把数据提交到 Web 服务器,在 Web 服务器把数据处理完毕之后,会向用户返回一张完整的新网页。由于每当用户提交数据,服务器就会返回新网页,因此传统的 Web 应用程序往往运行缓慢,且越来越不友好。

通过 AJAX,Web 应用程序无须重载网页,就可以发送并取回数据。完成这项工作,需要在后台异步地向服务器发送 HTTP 请求,当服务器返回数据时使用 JavaScript 仅仅修改网页的某部分。由于 AJAX 技术通过向 Web 服务器请求少量的信息,而不是重载整个 Web 页面,可以使网页更迅速地响应。

4. JavaScript 是一种在浏览器端执行的脚本语言,AJAX 是一种创建交互式网页应用的开发技术,它利用了一系列相关的技术,其中就包括 JavaScript。

5. 常用方法:

(1) open()方法,建立对服务器的调用。

(2) send()方法,发送具体请求。

(3) abort()方法,停止当前请求。

常用属性:

(1) readyState 属性,请求的状态有 5 个可取值:0=未初始化,1=正在加载,2=已加载,3=交互中,4=完成。

(2) responseText 属性,服务器的响应,表示为一个字符串。

(3) reponseXML 属性,服务器的响应,表示为 XML。

(4) status 属性,服务器返回的 HTTP 状态代码,200 对应 ok,404 对应 not found。

参考文献

［1］中国电子商务研究中心.2016 年度中国电子商务市场数据监测报告［EB/OL］.http:// www.100ec.cn/zt/bgk,2017.

［2］猎豹全球智库.2016 中国移动电商市场研究报告［EB/OL］.http:// lab.cmcm.com ,2017.

［3］中华人民共和国商务部.中国电子商务报告 2016［M］.北京:中国商务出版社,2017.

［4］正益移动.AppCan 官方网站［EB/OL］.http://www.appcan.cn/.

［5］雨辰资讯.Dreamweaver＋PHP 动态网站开发从入门到精通［M］.北京:中国铁道出版社,2014.

［6］刘增杰,等.精通 PHP＋MySQL 动态网站开发［M］.北京:清华大学出版社,2013.

［7］陈锋敏.贯通 AJAX＋PHP＋Dreamweaver CS3 动态网站开发［M］.北京:电子工业出版社,2008.